Springer
*Berlin
Heidelberg
New York
Barcelona
Budapest
Hongkong
London
Mailand
Paris
Santa Clara
Singapur
Tokio*

Helmut Hölder

Naturgeschichte des Lebens

Eine paläontologische Spurensuche

Dritte, überarbeitete Auflage

Mit 76 Abbildungen, davon 7 in Farbe

ISBN-13:978-3-540-60305-4 e-ISBN-13:978-3-642-79986-0
DOI: 10.1007/978-3-642-79986-0

3. Auflage
Die 2. Auflage erschien 1989 unter dem Titel »Naturgeschichte des Lebens« im Springer-Verlag und wurde herausgegeben von Prof. Dr. Karl v. Frisch und von Prof. Dr. Helmut Hölder
(ISBN-13:978-3-540-60305-4)

Dieses Werk ist urheberrechtlich geschützt. Die dadurch begründeten Rechte, insbesondere die der Übersetzung, des Nachdrucks, des Vortrags, der Entnahme von Abbildungen und Tabellen, der Funksendung, der Mikroverfilmung oder der Vervielfältigung auf anderen Wegen und der Speicherung in Datenverarbeitungsanlagen, bleiben, auch bei nur auszugsweiser Verwertung, vorbehalten. Eine Vervielfältigung dieses Werkes oder von Teilen dieses Werkes ist auch im Einzelfall nur in den Grenzen der gesetzlichen Bestimmungen des Urheberrechtsgesetzes der Bundesrepublik Deutschland vom 9. September 1965 in der jeweils geltenden Fassung zulässig. Sie ist grundsätzlich vergütungspflichtig. Zuwiderhandlungen unterliegen den Strafbestimmungen des Urheberrechtsgesetzes.

© Springer-Verlag Berlin Heidelberg 1968, 1989, 1996

Redaktion: Ilse Wittig, Heidelberg
Umschlaggestaltung: Bayerl & Ost, Frankfurt, unter Verwendung einer Abbildung von Pterodactylus (kleines Skelett eines Flugsauriers)
Innengestaltung: Andreas Gösling, Bärbel Wehner, Heidelberg
Herstellung: Sieglinde Jeggle, Heidelberg
Satz: Schneider Druck GmbH, Rothenburg ob der Tauber

67/3134 - 5 4 3 2 1 - Gedruckt auf säurefreiem Papier

Inhaltsverzeichnis

Natur als Geschichte? 1
Schichtgesteine sind Geschichtsbücher 4
Kleiner historischer Exkurs 7
Noch einmal:
Geschichte in Schichtgesteinen 13
Leben und Umwelt:
Lamarckismus und Darwinismus 17
Mutation und Auslese 27
Das Gleichgewicht des Lebens 31
Neue Aspekte 36
Was ist eine »paläontologische Art«? 38
Einzigartigkeit des irdischen Lebens .. 45
Der metaphysische Porenraum 47
Vom Anfang und der Frühzeit
des Lebens 50
Tier- und Pflanzenwelt 55
Aus der Geschichte der Pflanzen 56

**Aus der Geschichte
der wirbellosen Tiere** 66
Schwämme und Korallen 68
Entfaltung der höheren Wirbellosen 81
Mollusken 85
Gliedertiere 109
Stachelhäuter (Hauptgruppe
der wirbellosen Neumünder) 114
Graptolithen 120
Conodonten und das Conodontentier 123

**Chordatiere und die Entfaltung
der Wirbeltiere** 125
Fische 126
Der Schritt an Land 134
Lurche 139
Saurier 142
Die Vögel: ein Sproß des Saurierstamms ... 159
Die Säugetiere: ein weiterer Sproß
des Saurierstamms 168

Der Entwicklungsgang des Menschen .. 192
Das Fundgut 194
Tier und Mensch 198
Eine berühmte Fälschung 201
Der bescheidene Darwin 202
Die Sonderstellung des Menschen 203
Zufall und Plan 205
Grenzen der Wissenschaft 209

Erklärung von Fachwörtern 213

Literatur 219

Abbildungsnachweis 230

Sachverzeichnis 233

**Verzeichnis der in Text
und Abbildungen auftretenden
Gattungen** 239

Natur als Geschichte?

»Ita rerum natura praestat nobis historiae vicem. Historia autem nostra hanc contra gratiam naturae rependit, ne praeclara ejus opera, quae nobis adhuc patent, posteris ignorentur.«
»So tritt für uns die Natur an die Stelle der Geschichte. Unsere Geschichtsschreibung dagegen vergilt diese Gnade der Natur, auf daß ihre herrlichen Werke, die uns noch vor Augen liegen, der Nachwelt nicht unbekannt bleiben.«

G. W. Leibniz: Protogaea.
(Übersetzt von W. v. Engelhardt.)

»Naturgeschichte des Lebens« hat offenbar mit uns selbst zu tun. Denn auch der Mensch hat ein Stück Natur in sich und ist, wie wir bei Betrachtung seiner Körpergestalt feststellen können, mit der übrigen Lebensschöpfung verknüpft (S. 192 ff.).

Der Begriff »Naturgeschichte« war früher für den naturwissenschaftlichen Unterricht verbreitet. Man hat darin freilich keineswegs vorwiegend Geschichte der Natur betrieben, indem man etwa das Werden der natürlichen Bereiche durch Jahrmillionen zurückverfolgt hätte, wie von Weizsäcker es in seinem bekannten Buch »Die Geschichte der Natur« (1979) tut. Geschichte war da vielmehr einfach: Bericht, Belehrung von der Natur, Erzählung einer »Geschichte«, wie es dem einstigen antiken Sinn des Wortes »historia« entsprach.

Seitdem man aber das geschichtliche Wesen der Natur gegen Ende des 18. Jahrhunderts zu ahnen begann, das dann durch Darwins bahnbrechende Forschungen und das Erscheinen seines Werkes über die »Entstehung der Arten« (1859) die Geister mächtig in seinen Bann zog, nahm auch das Wort Naturgeschichte seine engere Bedeutung an.

In der modernen Naturwissenschaft haben sich die Gewichte wieder verlagert. Man hat sich daran gewöhnt, daß die Natur eine Geschichte hat – allerdings noch nicht ebensosehr daran, daß auch der Mensch zu dieser Geschichte gehört, wozu es mehr als hundert Jahre nach Darwin an der Zeit wäre!

Im Vordergrund des heutigen naturwissenschaftlichen Interesses steht anstatt des wandlungsvollen, naturgeschichtlichen Geschehens wiederum das unwandelbare, naturgesetzliche Wesen, dem die experimentelle Arbeit insbesondere von Physik und Chemie gilt. Dieser Eindruck ist so stark, daß sich Vertreter der Geisteswissenschaften häufig in der alten Meinung bestätigt fühlen, Natur habe mit Geschichte überhaupt nichts zu tun. Geschichte sei vielmehr zu beschränken auf den vom menschlichen Geist geprägten Zeitabschnitt: »Die Geschichte der Menschheit versinkt«, so heißt es in einem neueren philosophischen Werk, »rückwärts in der Geschichtslosigkeit der Zeit.«

Es ist freilich eine Definitionsfrage, was man unter Geschichte verstehen will. Jeder Begriff kann eingeschränkt, und es können auch Gründe dafür angeführt werden. Aber den Geologen und Paläontologen will es dünken, daß die menschliche Geschichte nicht nur versinkt – sie tut es zwar infolge Überlieferungs- und Wissenslücken gewiß *auch* –, sondern daß sie an die ungleich umfassendere Geschichte des Lebens *anknüpft* und diese zur Voraussetzung hat.

»Geschichte« kommt von Geschehen = ge-sciht (mittelhochdeutsch), was Ereignis, Vorgang bedeutet. Es ist ein merkwürdiges, aber zufälliges Zusammentreffen, daß in dem Wort Geschichte das Wort »Schicht« enthalten ist, und daß der Geologe aus den Schichten des Gesteins einen guten Teil der Geschichte der Erde abliest. »Schicht« kommt jedoch vom mittelhochdeutschen sciften = teilen und ist zum Fachwort der mittelalterlichen Bergmannssprache geworden, in der es zunächst in räumlichem Sinne eine Schicht als Teilkörper des Gesteins bedeutete, dann aber abgeleitet auch die Zeit, die zum Abbau einer solchen Schicht nötig war, – so daß der Bergmann bis zum heutigen Tage »eine Schicht fährt«.

Dieser Bedeutungswandel vom räumlichen zum zeitlichen Begriff erscheint symbolisch für das Tun des Geologen überhaupt: Denn der Geologe ermittelt aus dem räumlichen Profil der Schichten die – selbst unsichtbare – »Schichtung« der Zeit, also die Ereignisfolge, den Gang des Geschehens, die Geschichte.

Schichtgesteine sind Geschichtsbücher

Leibniz hat das eingangs zitierte Wort an die Beschreibung eines Profils (Querschnitts) der Erdschichten geknüpft, die bei einer Brunnengrabung in Amsterdam durchteuft wurden. »Wahrscheinlich ist dort einmal Meeresboden gewesen, wo nun in einer Tiefe von mehr als 100 Fuß die Muschelschalen liegen«, schreibt er. »Auf diesem Boden haben wiederholte Überschwemmungen und Katastrophen all diese Schichten von Ton und Sand abgesetzt, während in Zwischenzeiten

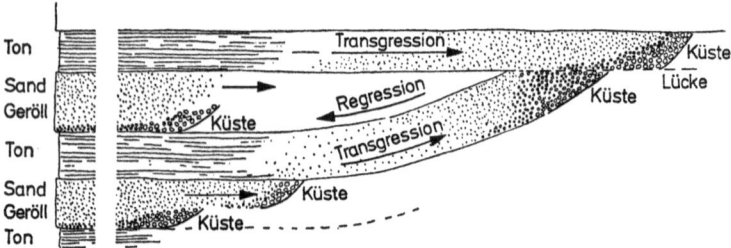

Abb. 1. Links: Ein »Profil« sich folgender Schichten von Ton, Geröll und Sand (zu Sandstein verfestigt). Zwei mögliche Deutungen s. S. 5 Rechts: Der Vergleich mit dem Verhalten der Schichten in benachbarten Profilen läßt Meeresvorstoß und -rückzug als Ursache der Gliederung des linken Profils erkennen; s. S. 13.

der Zurückdrängung des Meeres Erdablagerungen entstanden.«

Auch wir können bei der Betrachtung eines geschichteten Profils (Abb. 1, links) sein Werden erkennen, wenn auch nicht immer auf den ersten Blick. Die Deutung hat zunächst stets mehrere Möglichkeiten abzuwägen. Die horizontale Textur und die Verschiedenheit der Gesteinsausbildung in den einzelnen Lagen können ursprünglich, sie könnten aber vielleicht auch erst nachträglich durch Gliederung und Differenzierung eines anfangs einheitlichen Körpers entstanden sein. Solche nachträglichen Vorgänge »diagenetischer« Art gibt es tatsächlich. Sie sind bei der Deutung eines solchen Profils zu prüfen, obwohl sie auf unseren Fall nicht zutreffen. Vor Jahrhunderten freilich pflegte in dem damals noch statischen Weltbild überhaupt niemand nach der *Entstehung* eines solchen Profils, nach dem *Werden* der Erdrinde zu fragen, die als unveränderlich *Bestehendes* hingenommen wurde. Um von dieser Entstehung etwas zu erfahren, muß man genauer hinsehen. Man erkennt dann in unserem Beispiel eine doppelte Folge von (Ton –) Geröll–Sand–Ton – Geröll–Sand–Ton..., und fragt als Geologe nach dem Ursprung dieses doppelten Zyklus. Es könnte sich um zwei Hochwasser handeln, bei welchen die Geröllagen im Unterlauf eines Flusses und im Abstand von vielleicht nur wenigen Tagen angeschüttet wurden. Wenn sich das Wasser verlief, breitete es über der Schotterlage zunächst noch Sand und zum Schluß den feinen Ton aus, auf dem dann der nächste Hochwasserstoß die nächste Schotterlage hinterließ. Es könnte aber auch die ganz andere Ursache zugrunde liegen, daß sich das Hinterland des einstigen Ablagerungsraumes hob, was auch heute da und dort vorkommt, aber wegen der Langsamkeit des Vorgangs das menschliche Beobachtungsvermögen zu übersteigen pflegt. Eine solche Hebung durch lange Zeiten müßte die Abtragung des gehobenen Landstrichs steigern, weil Wind und Wetter mit der Höhe stärkere Wirksamkeit entfalten und die Schwerkraft, vereint mit dem stärkeren Wassergefälle, mehr und gröberstückiges Material zu Tal zu transportieren vermag. Die beiden Schotterlagen unseres Profils können also auch Ausdruck zweier sich wiederholender Hebungen im Hinterland sein und in ihrer Entstehung dann Jahrtausende, ja Jahrmillionen auseinander liegen.

Wie aber erfahren wir etwas über diesen zeitlich zunächst so unbestimmten Abstand? Schichtgesteine enthalten gar nicht selten Lebensreste, die in sie eingelagert wurden. In Schottern sind sie freilich Ausnahmen, weil hier alles zermahlen wurde, aber in den Sanden und Tonen konnten sie sich leichter erhalten. Finden wir nun in den sich folgenden Schichten der beiden Zyklen verschiedenartige Lebensreste, z. B. Schnecken mit verschiedenen Skulpturen, so kann das gewiß Zufall, können das also zufällig Reste verschiedener, einst gleichzeitig lebender Schnecken sein. Finden wir aber beim Vergleich zahlreicher Profile über größere Gebiete hinweg übereinstimmende Änderung der Fauna und gar übereinstimmende Abwandlung bestimmter Formenreihen von Organismen, dann haben wir darin offenbar die Folge der Wandlung des Lebens zu sehen, wie wir sie aus der Erdgeschichte allenthalben kennen, und wie sie sich von Art zu Art in Zeiträumen von Jahrhunderttausenden oder gar Jahrmillionen abzuspielen pflegt. In diesem Falle können wir also auch mit einer langfristigen Ursache für die Bildung unserer beiden Schotterlagen rechnen, die wir hier als Beispiel herangezogen haben.

Auf die weitere Erklärung der Abbildung 1 kommt das übernächste Kapitel zurück.

Kleiner historischer Exkurs

Versteinerte Lebensreste, »Versteinerungen« hielt man in früheren Jahrhunderten oft nur für »Spiele der Natur«. Denn wie sollten sie in hartes Gestein hineingekommen sein? Ein entscheidender Fortschritt der Erkenntnis knüpft sich – nicht ohne Vorläufer – vor allem an den Namen des aus Dänemark stammenden Naturforschers Niels Stensen (1638–1686): Entdeckte er doch als Gelehrter am Hof zu Florenz bei der Sektion eines Haifischschädels, daß dessen Zähne genau mit jenen Gebilden übereinstimmten, die man aus sandigen und tonigen Gesteinen auf dem Lande längst kannte und als »Glossopetren« (Zungensteine) bezeichnete. Stensen folgerte daraus, daß diese angeblichen Naturspiele ebenfalls Haifischzähne seien. Schon in einer Abhandlung mit dem Titel »Canis Carchariae dissectum caput« (d. h. »Der sezierte Schädel eines Hundshais«, 1667) berichtete er darüber und schrieb 1669 (s. u.) in diesem Zusammenhang:

> »Wenn ein fester Körper einem anderen...ganz entspricht, so wird dies auch hinsichtlich der Art und des Ortes seiner Entstehung gelten. Daraus folgt..., daß jene aus dem Boden gegrabenen Körper, die Teilen von Pflanzen und Tieren in jeder Hinsicht ähnlich sind, auch auf dieselbe Weise wie solche Teile von Pflanzen und Tieren entstanden sind...

Die Schalen, die im Schoß der Erde liegen, lassen sich auf drei Gruppen zurückführen:
Zur ersten gehören diejenigen, welche denen des heutigen Meeres so ähnlich wie ein Ei dem andern sind.
Die zweite Gruppe ist den vorerwähnten ebenfalls ähnlich, unterscheidet sich aber in Farbe und Gewicht von ihnen; es gibt darunter sowohl leichtere als auch schwerere. In jenen sind die Poren durch Verdrängung von Substanz erweitert, in diesen mit einem fremden Saft angefüllt. Es sind *versteinerte* Tierschalen.
Zur dritten Gruppe gehören diejenigen, welche zwar durch die Gestalt den eben beschriebenen Schalen ähnlich sind, sich aber (durch Fehlen der Schalenstruktur) dennoch stark von ihnen unterscheiden. Manche davon bestehen aus Luft, andere aus Stein..., wieder andere aus Kristall oder aus einer sonstigen Materie. Ihre Entstehung erkläre ich auf folgende Weise: Wo die durchdringende Kraft von Säften die Substanz einer Schale auflöste, da wurden diese Säfte entweder von der Erde aufgesogen und hinterließen leere Hohlräume von Schalen – ich spreche dann davon, daß sie »aus Luft bestehen« (aereae) –, oder sie wurden durch neu hinzuströmende Materie verändert, welche je nach ihrer Art die Hohlräume der Schalen entweder mit Kristallen, mit Marmor oder mit Stein (Steinkerne!) erfüllte.«

In diesem Text ist schon alles Wesentliche über jene Vorgänge gesagt, die wir heute unter dem Begriff der »Fossilisation«, d.h. des Versteinerungsvorgangs, zusammenfassen. Neben unveränderter Erhaltung gibt es Veränderung der Lebensreste durch Aufnahme von Kalksalzen und anderen Stoffen in ihre Poren oder gar Überlieferung in einem ganz anderen als dem ursprünglichen Baumaterial, das im Laufe der Zeit im Gestein von anderen Stoffen verdrängt und ersetzt wurde. Es gibt Ausfüllung einstiger Schaleninnenräume in Form von Steinkernen, und es gibt Überlieferung allein in Form von Hohlräumen, welche die Gestalt noch erkennen lassen (Abb. 2).

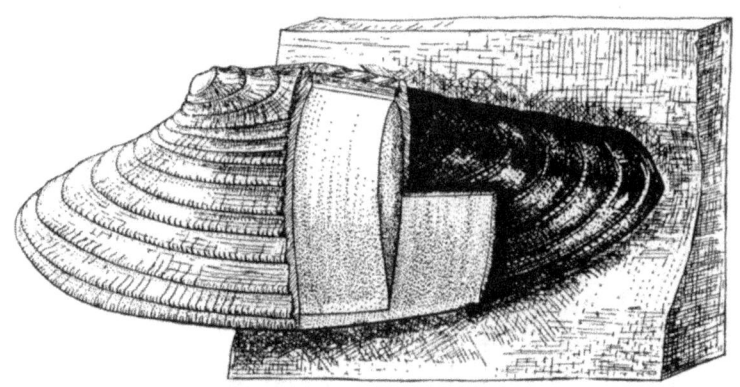

Abb. 2. Versteinerte Muschel, teilweise mit (stofflich unveränderter oder veränderter) Schale (links) und Steinkern (Mitte), teilweise nur als Abdruck (rechts) im Gestein erhalten. Nimmt der noch plastische Steinkern nach Auflösung der Schale auch von deren hinterlassenem Raum Besitz, kann sich ihm – als Skultursteinkern – die Außenskulptur aufprägen.

Was für erstaunlichen Überlieferungsmöglichkeiten die jüngste Paläontologie auf die Spur gekommen ist, zeigt die Abb. 3. Zarteste Pilzfäden blieben hier durch Einschluß in feinkristallines Kalziumphosphat (Apatit) erhalten. In anderen Fällen leistet Kieselsäure Ähnliches, und das zurück bis in kambrische und vorkambrische Zeiten.

Doch noch einmal zu Stensen. Er frug weiter, wie diese Reste in das – doch feste – Gestein hineingelangt seien und kommt in der schon erwähnten, von ihm selbst zunächst nur als vorläufige Mitteilung bezeichneten Abhandlung mit dem seltsamen Titel »De solido intra solidum naturaliter contento«[1] (1669) zu dem Ergebnis, daß

---

[1] Über feste Gegenstände, die in Festem (Gestein) auf natürliche Weise enthalten sind.

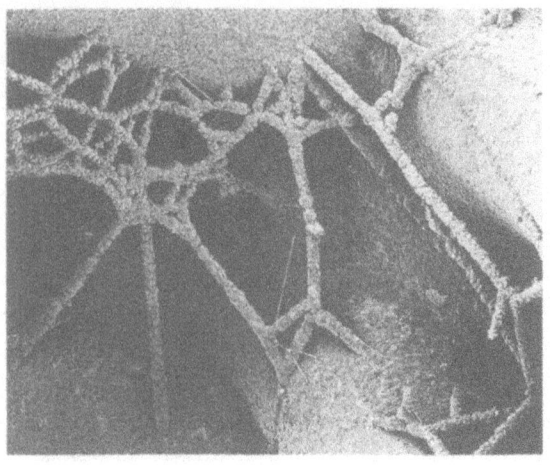

100 µ

Abb. 3. Vermutliche Pilzfäden (Hyphen), angesiedelt in der Kammer eines abgestorbenen Ammonitengehäuses, durch einen Überzug von Kalziumphosphat (Apatit) erhalten und verdickt, aus dem die Kammer später erfüllenden Kalzit freigeätzt. Mittlere Trias, Spitzbergen. Maßstab 100 µ.

die Tierreste einst in heute steingewordenen Schlamm eingeschlossen wurden. Aus der Betrachtung der Schichten, die solche Dinge enthalten, zieht er weitere Schlüsse:

>»Wenn wir in einer Schicht Anzeichen eines salzigen Meeres beobachten, wie Gehäuse von Seetieren, Schiffsbretter und Substanz von der Art des heutigen Meeresbodens, so muß an dieser Stelle einst ein Meer gewesen sein, gleich, ob es durch eigenes Überströmen oder durch Einsturz von Bergen dorthin gelangte.
>Wenn wir in einer Schicht Schilf, Gras, Tannenzapfen, Aststücke und ähnliche Dinge vorfinden, so vermuten wir mit Recht, daß dieses Material entweder durch die Überschwemmung eines Flusses oder durch den Ausbruch eines Gießbaches dorthin geschwemmt wurde.
>Wenn die Schichten eines Ortes aus verschiedenem Material bestehen, so läßt das auf wechselndes Verhalten

des ablagernden Wassers schließen, wobei die Ursache im Einfluß von Winden oder in plötzlichen Regengüssen zu suchen sein kann; oder aber befand sich in jenem Wasser Materie von verschiedener Schwere, deren schwere Bestandteile schneller als die leichteren zu Boden sanken. Die Verschiedenheit kann aber auch durch die Ablösung der Jahreszeiten veranlaßt gewesen sein, besonders an solchen Stellen, wo ein regelmäßiger Wechsel der Ablagerung festzustellen ist.«

Stensen oder Nikolaus Steno, wie er seit seiner italienischen Zeit hieß, erkannte weiterhin, daß sich eine jede Schicht einst als oberste aus dem Wasser niedergeschlagen habe, die unter ihr liegende also älter und die Ablagerung solcher Schichten ungefähr horizontal erfolgt sein müsse. Da ihm aber aus den Gebirgen der Toscana auch steilgeneigte Gesteinsschichten bekannt waren, schloß er daraus auf spätere Verstellung infolge von Einbrüchen, als deren Ursache er sich feurige Kräfte im Erdinneren dachte. Er beobachtete sogar – und wir können darüber nur staunen –, daß eingestürzte, geneigte Schichten zu wiederholten Malen erneut von horizontalen Schichten überlagert wurden, und leitete daraus eine wiederholte Folge von – wie wir heute sagen würden – tektonischen Ereignissen oder Phasen, also eine Kette echt erdgeschichtlicher Vorgänge ab.

Steno eilte damit den Kenntnissen seiner Zeit weit voraus. Für ihn selbst waren diese paläontologisch und geologisch grundlegenden, wenn auch zunächst kaum beachteten Arbeiten freilich nur eine Episode seines Forscherlebens, das bei ihm in das geistliche, später auch in Deutschland ausgeübte Amt mündete. Es mag uns das an Petrarca erinnern, der einige Jahrhunderte zuvor an der Wende von Mittelalter und Neuzeit als erster moderner Mensch den Mont Ventoux in Südostfrankreich als Berg um des Berges willen bestiegen hatte und sich aus dem

Genuß der unendlichen Aussicht ringsum als noch echt mittelalterlich Gebundener in die Welt seines Inneren zurückgerufen fühlte:

> »Da gehen die Menschen, um die Gipfel der Berge zu bestaunen, die ungeheuren Fluten des Meeres, die weit dahinfließenden Ströme, den Saum des Ozeans, die Kreisbahnen der Gestirne, und haben nicht acht ihrer selbst!«

Die Naturspieldeutung klingt noch heute in ländlichen Gegenden nach, wenn Versteinerungen offenbar ohne nähere Vorstellung von ihrer wirklichen Natur als »Figuren« bezeichnet werden.

Neben der Naturspieldeutung begegnen wir schon seit den ersten Jahrhunderten n.Chr. der Sintflutdeutung, nach der die ohne Vorbehalt als Organismenreste betrachteten Fossilien im später zu Gestein erhärteten Schlamm der Sintflutgewässer abgesetzt worden seien – eine ihrer Zeit gemäße Auffassung mit einem richtigen Kern, die aber noch nichts von den später erloteten Zeitmaßen der erdgeschichtlichen Vergangenheit wußte.

Noch einmal: Geschichte in Schichtgesteinen

Kehren wir noch einmal zu unserem Profil (s. Abb. 1) zurück: Die Annahme zweier Abtragungsperioden bot uns die Möglichkeit, für die Schüttung der beiden Geröllagen einen erheblichen zeitlichen Abstand anzunehmen. Es gibt aber noch eine andere Möglichkeit:

Das Profil könnte anzeigen, daß der Küstenbereich, in dem das Geröll zur Ablagerung gelangte, durch Bodenabsenkung oder Spiegelanstieg unter tieferes Wasser geriet und daß deshalb dort über dem Geröll in nun etwas größerer Küstenentfernung zunächst Sand und schließlich Ton abgelagert wurde. Das Meer muß dann landein vorgegriffen haben: Wir nennen das eine Transgression. Setzen wir diesen Fall, so muß er sich beim Vergleich mehrerer benachbarter Profile nachweisen lassen. Denn während sich im Bereich des zuerst besprochenen Profils (links in Abb. 1), d. h. nun im Meeresbecken, Ton absetzte, dürfte zu gleicher Zeit an der landein verschobenen Küste (rechts) Geröll zur Ablagerung gelangt sein. Die »Fazies« des Gesteins muß sich dann dorthin von Ton zu Sand in Geröll ändern. Die im linken (Ausgangs-)Profil folgende Geröllage zeigt aber offenbar einen erneuten Rückzug (eine Regression) des Meeres ungefähr bis zur alten Küstenlinie an, ehe Sand und Ton abermals einen Vorstoß erkennen lassen. An der dadurch wiederum landein verschobenen Küste kommt unmittelbar über der ersten eine neue Geröllage zur Bildung, aber mit einer Zeitlücke. Denn während der Regression war hier ja Land, eine Meeresablagerung also nicht möglich. Wir haben deshalb hier ein lückenhaftes Profil, das nur aus grobem Küstengeröll besteht.

Seit einigen Jahren spricht man bei zyklischen und rhythmischen Gesteinsfolgen auch von »Sequenzen« und Sequenzstratigraphie, und zwar unter weltweiten Gesichtspunkten. Weltweit gleichsinnige Hebungen und Senkungen des Meeresspiegels sollen sich als jeweils tiefste Erosionsbasis bis weit in die einstigen Landgebiete hinein ausgewirkt und dort Belebung oder Abschwächung der Erosion und entsprechenden Wechsel des in Tiefländern und Flachmeeren sich ablagernden Materials verursacht haben. Da hierbei aber mit zahlreichen, regional begrenzten, das weltweite Schema störenden Vertikalbewegungen der Landgebiete zu rechnen ist, bedarf die Methode großer Vorsicht.

Angesichts der Lückenhaftigkeit vieler Profile und der Überlieferung überhaupt mag es fast vermessen erscheinen, eine Geschichte des Lebens nachzeichnen zu wollen. Ist doch auch mechanische und chemische Zerstörung teils vor, teils nach der Einbettung der Lebensreste die Regel, und ihre – überdies meist nur an Hartteile gebundene – Erhaltung der seltenere Fall.

Trotzdem ist in den Gesteinen an organischen Hartteilen genug überliefert, um die Entwicklung des Lebens in ihren großen Zügen erkennen zu lassen. Der Planet Erde bot dafür freilich auch besonders günstige Bedingungen. Denn in seinem Innern sind seit jeher thermodynamische Vorgänge am Werk, welche die verhältnismäßig dünne »Erdhaut« aus starrem Gestein bis heute nicht zur Ruhe kommen lassen. Nach der erst etwa ein Vierteljahrhundert alten Theorie der Plattentektonik besteht die

Erdrinde aus großen, beweglichen Platten, deren basales Material Aufstiegszonen magmatischen Glutflusses (den mittelozeanischen Schwellen) entstammt. Diese Platten unter- und überschieben sich oder reiben sich an ihren Rändern, was zu Tiefseegräben, Faltengebirgen, Erdbeben und Vertikalbewegungen auch im Innern der Platten führt. Es herrscht also ein vielfaches Auf und Ab, das regional aber nicht ohne eine gewisse Stetigkeit ist. So wurden viele heute festländische Gebiete wie z. B. West- und Mitteleuropa im Laufe der Erdgeschichte wiederholt von Schelfmeeren bedeckt. Aber auch im Innern der Kontinente bildeten sich bald da, bald dort durch Jahrmillionen große Senkungswannen, in denen sich Massen von Material aufschichteten, das ihnen von den umgebenden Hebungsgebieten zugeführt wurde. Diese Schichtgesteine einst absinkender Räume – oft viele Tausende von Metern mächtig – gleichen großen Geschichtsbüchern, in de-

Abb. 4. Bunte Mergel (Keuper, Obere Trias) im Primtal. Man erkennt deutlich die verschiedenen Schichten des Gesteins.

ren Blättern (Schichten) die Geschichte des sich wandelnden Lebens von den Versteinerungen wie in Bildern aufgezeichnet ist. Es gibt freilich auch fast leere »Blätter« und »Bücher« dabei. Denkt man sich die Schichtgesteine, die in den einzelnen Gebieten ein ganz verschiedenes Alter haben können, zu einer einheitlichen Gesteinssäule, einer steinernen Büchersäule gleichsam, zusammengesetzt, so wäre sie wohl weit über 100 km hoch. Heute werden Schichtgesteine etwa in den jungen Senkungsräumen des Mittelmeeres oder in manchen Teilen der Nordsee gebildet. Aus früheren Zeiten sind uns auf allen Kontinenten große Vorkommen überliefert (Abb. 4). Ihr relatives Altersverhältnis ergibt sich aus den altertümlicheren oder moderneren Lebensformen, die sie einschließen. Die physikalischen Methoden radioaktiver Altersbestimmung erbringen auch absolute Jahreszahlen. So wissen wir heute, daß die an versteinertem Leben reichen Formationen seit Beginn der kambrischen Zeit rund 600 Jahrmillionen umfassen.

Darunter aber liegen weitere Gesteine, die an gestalteten Lebensresten ungleich ärmer sind, obwohl man neuerdings organische Strukturen in Gesteinen von mehr als 3 Jahrmilliarden entdeckt hat.

Leben und Umwelt: Lamarckismus und Darwinismus

Seitdem es Leben gibt, pflanzt es sich selbst fort und steht in beständiger Auseinandersetzung mit seiner Umwelt. Seine Existenz durch so lange Zeiten ist höchst erstaunlich. Denn einerseits müssen sich die Verhältnisse der Erdoberfläche trotz allen Wandels, der sich aus den Gesteinen ablesen läßt, zunächst im Wasser und später auch auf dem Land stets innerhalb der Bedingungen gehalten haben, deren das Leben bedarf; und andererseits muß das Leben plastisch genug gewesen sein, um dem unbestreitbaren Wechsel durch die Fähigkeit der Anpassung stets genügen zu können.

Ob das Leben einmal oder in wiederholten Anläufen entstand, mag dahingestellt bleiben. Da es aber unter den späteren, von ihm selbst heraufgeführten physikalischen Bedingungen nicht mehr entstehen konnte (S. 50), ist der Schluß auf seinen Gesamtzusammenhang durch Jahrmilliarden unumgänglich.

Dieser heute zwingenden Annahme von der ununterbrochenen Keimbahn des irdischen Lebens stand um 1800 und weit in das 19. Jahrhundert hinein die einfachere Vorstellung gegenüber, daß das Leben auf der Erde immer wieder durch Katastrophen vernichtet und dann neu geschaffen worden sei. Noch 1858 rechnete der Heidelberger Paläontologe Bronn, ohne mehr an Katastrophen zu denken, mit einer vielfach unterbrochenen Artenfolge:

> »Ein Wechsel der Erdbevölkerung hat wenigstens 25–30mal stattgefunden. Die neuen Organismen sind dann immer und überall neu geschaffen, nie und nirgends aus den alten Arten umgestaltet worden.«

Bronn schrieb weiterhin:
> »In der Aufeinanderfolge der verschiedenen Pflanzen- und Tierformen ist ein gewisser stetiger Gang und Plan zu erkennen, die nicht vom Zufall abhängig sind.«

Dieser stete Gang und Plan besteht darin, daß die Faunen und Floren, die als Fossilien in zwei sich folgenden Schichtpaketen oder Formationen enthalten sind, in der Regel morphologischen Zusammenhang und zunehmende Höherentwicklung zeigen, sofern nicht, wie möglicherweise im Falle der Vendobionta (S. 52), ein herrschender Bauplan von der Bühne des Lebens abtritt.

So sehr sich die Katastrophentheorie auf Profile mit plötzlichem Faunenwechsel stützen konnte, so sehr bedeutete die Einsicht in den bei ungestörter Überlieferung vorhandenen Faunenzusammenhang einen Erkenntnisfortschritt, der seit Beginn des 19. Jahrhunderts neben die Erklärung der Lebensgeschichte durch Katastrophen ein anderes Bild treten ließ. Der deutsche Naturforscher R.C. Treviranus schrieb im Jahre 1805:

> »Wir sind der Meinung, daß jede Art wie jedes Individuum gewisse Perioden des Wachstums, der Blüte und des Absterbens hat, daß aber ihr Absterben nicht Auflösung wie bei dem Individuum, sondern Degeneration (hier im Sinne von Umbildung) ist. Und hieraus scheint uns zu folgen, daß es nicht, wie man gewöhnlich annimmt, die großen Katastrophen der Erde sind, welche die Tiere der Vorwelt vertilgt haben, sondern daß viele diese überlebt haben, und daß sie vielmehr aus der jetzigen Natur ver-

schwunden sind, weil die Arten, zu welchen sie gehörten, den Kreislauf ihres Daseins vollendet haben und in andere Gattungen übergegangen sind.«

Dieser Text ist bis heute voll brennender Probleme, wobei wir freilich wissen, daß es neben der Ablösung früherer durch Verwandlung in spätere Formen auch echtes Aussterben gibt, mit dessen Ursachen wir uns noch beschäftigen werden. In ähnlichem Sinne wie Treviranus hat sich de Lamarck in seiner »Philosophie zoologique« (1809) geäußert. Er gehört zu den ersten Vertretern der »aktualistischen« Betrachtungsweise in der Geologie, nach der auch für das Geschehen der Vorzeit keine anderen Vorgänge und Kräfte als die gegenwärtig auf der Erdrinde wirksamen angenommen werden dürfen, die aber dank der fast unendlichen Zeit der Erdgeschichte auch die gewaltigsten Veränderungen der anorganischen und organischen Natur zuwege zu bringen vermochten. De Lamarck schreibt:

»Jeder beobachtende und gebildete Mensch weiß, daß nichts auf der Erdoberfläche sich fortwährend in demselben Zustand befindet. Alles erleidet mit der Zeit verschiedene, mehr oder weniger rasch vor sich gehende Veränderungen...
Wenn nun die wechselnden Verhältnisse...bei den Organismen Veränderungen in den Bedürfnissen, in den Gewohnheiten und in der Lebensweise herbeiführen, und wenn diese Veränderungen die Umwandlung und Entwicklung der Organe und der Gestalt ihrer Teile verursachen, so muß sich offenbar jeder Organismus unmerklich ein wenig ändern, besonders in Gestalt und äußeren Charakteren, wenn diese Abänderung auch erst nach beträchtlicher Zeit bemerkbar wird. Man wundere sich also nicht länger der so wenigen Entsprechungen rezenter Tiere unter den zahlreichen Versteinerungen in der Erdrinde...
Im Gegenteil – verwunderlich ist es, daß wir unter den zahlreichen versteinerten Überresten einstmals lebender

Körper überhaupt einige antreffen, von denen uns ähnliche lebende Vertreter bekannt sind. Wir müssen daher annehmen, daß solche fossilen Überreste die jüngsten sind. Diese Arten hatten zweifellos noch keine Zeit, sich zu ändern...

Aber ich muß mich hier über den Sinn meiner Aussage erklären, daß die sich wandelnden Verhältnisse auf Gestalt und Organisation der Tiere einwirken, d. h. sie mit der Zeit unter Bildung entsprechender Modifikationen verändern.

Wenn man diese Ausdrucksweise buchstäblich nehmen wollte, so könnte man mich gewiß eines Irrtums zeihen. Denn welcherart die Verhältnisse auch sein mögen, so bewirken sie durchaus keine unmittelbare Veränderung der Organisation der Tiere. Wenn aber neue, für eine Tierrasse dauernd gewordene Verhältnisse den Tieren neue Gewohnheiten auferlegen, d. h. der Anlaß zu neuen, gewohnheitsmäßigen Tätigkeiten sind, so wird sich daraus der bevorzugte Gebrauch eines Organs vor einem anderen ergeben und zuweilen auch der gänzliche Nichtgebrauch eines nun unnütz gewordenen Organs.

Bei jedem Tiere, das den Höhepunkt seiner Entwicklung noch nicht überschritten hat, stärkt der häufigere und dauernde Gebrauch ein Organ allmählich, entwickelt, vergrößert und kräftigt es proportional zur Dauer dieses Gebrauchs; der konstante Nichtgebrauch dagegen macht es unmerkbar schwächer, verschlechtert es, vermindert fortschreitend seine Fähigkeiten und läßt es endlich verschwinden.

Alles, was die Individuen durch den Einfluß der Verhältnisse, denen ihre Rasse lange Zeit hindurch ausgesetzt ist, und folglich durch den Einfluß des vorherrschenden Gebrauchs oder konstanten Nichtgebrauchs eines Organs erwerben oder verlieren, wird durch die Fortpflanzung auf die Nachkommen vererbt, vorausgesetzt, daß die erworbenen Veränderungen beiden Geschlechtern oder den Erzeugern dieser Individuen gemeinsam sind.«

Es gibt demnach keine direkte Einwirkung der Umwelt – obwohl de Lamarck oft irrtümlich in dieser Richtung interpretiert wird –, sondern nur Antwort, Reaktion des Organismus auf die von der Umwelt ausgehenden Anforderungen. Diese lamarckistische Deutung der Lebensentwicklung hat in der Paläontologie bis weit in unser 20. Jahrhundert hinein eine große Rolle gespielt. Denn sie ist außerordentlich einleuchtend. Erfahren wir es doch selbst, wie körperliche Arbeit, also der Anspruch der Umwelt, unsere Muskeln kräftigen kann, oder wie unsere Zähne verkümmern, wenn wir nur weiche Speisen essen. Mit der Annahme, daß sich solche im Leben erworbenen Eigenschaften weiterzuvererben vermögen, glaubte man deshalb auch den großen Gang der Lebensgeschichte und die so rätselhafte Tatsache der Anpassung des Lebens erklären zu können.

Bei Betrachtung des Schaubildes (Abb. 5) beachten wir zunächst nur, daß die Heimat des gesamten, einst mit einfachen Zellen beginnenden Lebens das Wasser (punktiert) war und für die meisten Linien bis heute geblieben ist. Der nichtpunktierte Sektor aber ist Symbol für das – anfangs unbewohnte – Land, das vermutlich von der Silurzeit an (Formationstabellen s. Abb. 12 u. 16) durch die ersten Landpflanzen und seit der Devonzeit auch durch einige wenige Entwicklungszweige der Tierwelt, die sich dann in diesem freien Raum üppig zu entfalten vermochten, besiedelt wurde.

An solchem Übergang vom Wasser auf das Land, wie ihn manche Einzeller, Gliedertiere und Schnecken sowie unter den Wirbeltieren die Fischgruppe der Quastenflosser in der Devonzeit zuwege gebracht haben, läßt sich die lamarckistische Vorstellung gut erläutern. Voraussetzung für dies Betrachtung ist der vermutlich zunehmende Sauerstoffgehalt der Atmosphäre (S. 50), der von einem bestimmten Schwellenwert an ein zuvor nicht

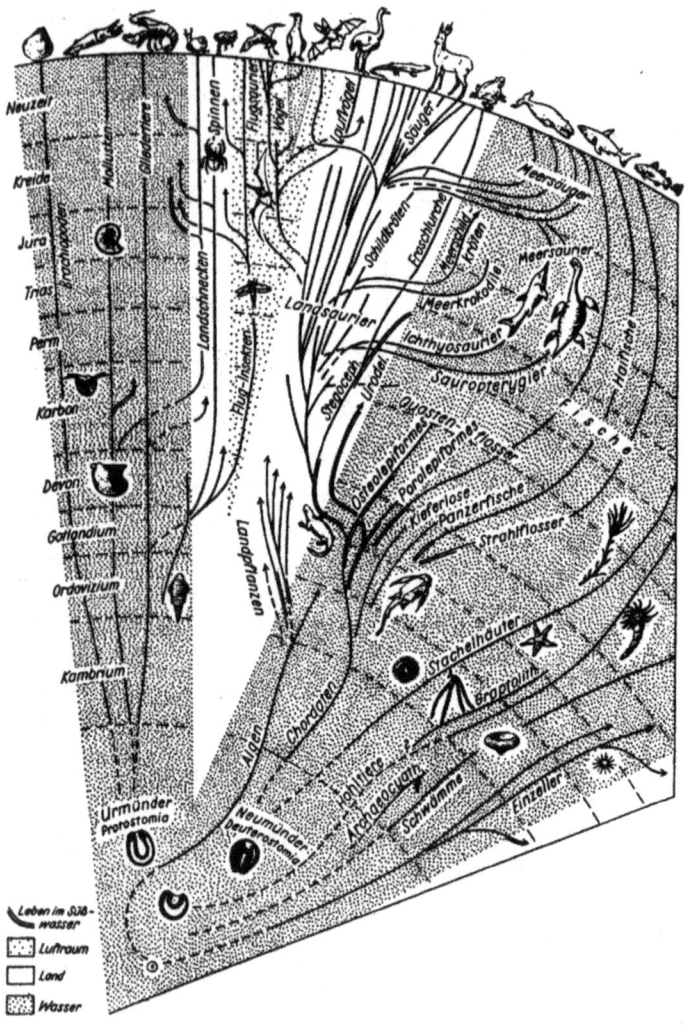

Abb. 5. Die Leitlinien des Lebens – der stammesgeschichtliche Lebensstrauch – in Beziehung zu den Lebensräumen Wasser, Land und Luft. Über die verwandtschaftliche Stellung der Graptolithen vgl. S. 120. Gotlandium = Silur der Abb. 12.

mögliches Tierleben auch an Land erlaubte. Nach lamarckistischer Auffassung nun wäre mit diesem Wandel der atmosphärischen Bedingungen gleichsam ein *Ruf vom Lande* ausgegangen, auf den die Tierwelt mit Reaktionen der *Organismen geantwortet* hätte. Diese Antwort wäre in Form neuer Funktionen z. B. der Bewegung und des Atmens, und in Form neuer, diesen Funktionen immer besser genügenden Organbildungen oder -umbildungen erfolgt, wie sie den neuen Gegebenheiten der Umwelt entsprachen.

Konkret könnten wir uns dazu vorstellen, daß eine vielleicht ins Süßwasser eingedrungene Fischgruppe dort – etwa im Zusammenhang mit Trockenzeiten und Schrumpfung der Wasserflächen – durch Übervölkerung in Bedrängnis geriet, und daß die Fische auf diese Notlage durch erste Schritte auf den trockenen Boden reagierten, was die Kräftigung der Flossen und ihre beginnende Umwandlung zu Extremitäten sowie die Bildung eines der Luftatmung dienenden Organs bewirkte. Es mag sich aber anfangs auch nur um gelegentlichen »Landgang« zum Beutefang dort schon lebender kleiner Gliedertiere gehandelt haben. Die Tiere begannen nun in einem relativ schnellen Entfaltungsvorgang, gewiß nicht ohne viele vergebliche Versuche, auf die vielfältigen neuen Möglichkeiten des Landlebens zu reagieren und sich teils zu Pflanzenfressern, teils zu Raubtieren, teils zu Bodenwühlern, teils zu Schnelläufern zu entwickeln. Der spätere Rückweg einer Anzahl von Tiergruppen (Meersaurier, Meersäuger) in das Meer – Ausdruck der ruhelos schaffenden Natur! – ließe sich dadurch erklären, daß die allmählich auf dem Lande eingetretene Raumnot diese Gruppen erneut dem Ruf des Meeres folgen ließ und zur aktiven Wiederanpassung an das Meeresleben trieb.

Dieser lamarckistischen Deutung steht jedoch ein großes *Aber* im Wege. Die experimentelle Genetik vermochte trotz zahlreicher Versuche des Erbganges im Tier- und Pflanzenreich keine Vererbung erworbener Eigenschaften festzustellen; einfacher gesagt: Der Mann, der seine Muskelkraft durch Holzfällen gestärkt hat, kann einen schwächlichen Sohn bekommen; seine Erwerbung bleibt individuell auf seine Person beschränkt. Durch Leistung erworbene Eigenschaften werden also nicht vererbt; die Natur erkennt ihnen keine Dauer zu.

Vererbt werden nur die in den Genen der Keimzellen verankerten Merkmale, die nicht Folge, sondern vielmehr Voraussetzung der Leistung des Individuums sind. Der einem Mosaikspiel gleichende Austausch der Erbmerkmale zwischen den Geschlechtspartnern bringt zwar ein Variieren der Nachkommen mit sich. Im übrigen aber pflegt das Erbgut unverändert weitergegeben zu werden.

Manchmal jedoch kommt es zu unberechenbaren Genänderungen (Mutationen durch Umbau der Moleküle, der Chromosomen usw.) und dadurch zu unberechenbar zufallenden, nicht aktiv oder zielstrebig erworbenen Eigenschaften. Diese Mutationen führen dann entweder ins Verderben oder leiten – in seltenen Fällen – neue Möglichkeiten der Lebensentwicklung ein. Angewendet auf das Beispiel der Umwandlung von Fischen in Landtiere, das später noch näher erörtert werden soll, heißt das, daß manche Fische durch Mutationen schon kräftige Flossen und auch eine Lungenblase (als Anhang des Darmes) besessen haben mußten, um für einen – vielleicht im Notfall »notwendigen« – Schritt an Land den dort herrschenden Bedingungen gewachsen gewesen zu sein. Denn ohne solche im Organismus schon zuvor vollzogene Vorbereitung hätten sie der Not und ihren Folgen nicht zu begegnen vermocht. Die *Initiative* zum Schritt an Land ging also *vom Organismus* aus, ohne allerdings gezielt, d. h. von ihrer Verwirklichung abhängig zu sein. Die Natur agiert in bezug auf den Zweck also zunächst richtungslos (Wichler 1963). Die *Umwelt aber beantwortete* das Angebot organismischer Formen und Funktionen durch Ablehnung oder Zustimmung, wie es den in ihr herrschenden Bedingungen entsprach.

Diese Deutung findet sich bekanntlich bereits bei Charles Darwin, der in seinem berühmten Werk über »Die Entstehung der Arten« (1859) zufällige, nach allen Seiten streuende Erbänderungen und ihre Auslese durch die Umwelt als wichtige (nicht alleinige) Faktoren der Entwicklung des Lebens erkannte. Die »Anpassung« besteht hier darin, daß die Umwelt von den (durch Mutationen, wie wir heute wissen) sich wandelnden Lebensformen nur das ihr Passende duldet und bestehen läßt bzw. durch Ausmerzung des Nichtpassenden fördert. Man nimmt an diesem »Zufall« oft Anstoß – und es ist kein Zweifel, daß die *lamarckistische* Deutung des zielstrebigen Organismus, der sich in die Umwelt auf gleichsam diplomatische Weise einzufügen und sich ihr auf dem Wege über die Funktion aktiv anzupassen vermag, unserer Vernunft leichter eingeht. Es kann aber ebensowenig einen Zweifel darüber geben, daß die *darwinistische* Deutung ein nicht zu übertreffendes Bild ehrfurchtgebietender Größe des Lebens entwirft: Es gleicht hier einem nach allen Seiten unendlich wuchernden Lebensbaum, der trotz der Beschneidung unzähliger Zweige durch die Stürme der Umwelt doch die unfaßlich reiche Fülle an Ästen und Gestalten aufweist, die wir an der Erscheinung des irdischen Lebens vor uns sehen. Es scheint das Geheimnis des Lebens zu sein, den wechselnden Bedingungen der Umwelt gegenüber dadurch gewachsen und in seiner Gesamtheit anpassungsfähig zu bleiben, daß es von sich aus immer neu alle Möglichkeiten bereithält. So bestimmt das Leben selbst die breit streuende Fülle der Gestalten, die von der

Umwelt auf gerichtete Bahnen der Entwicklung eingeengt und zugeschnitten werden.

Darwin selbst war kein Dogmatiker dessen, was man als Darwinismus zu bezeichnen pflegt, sondern schrieb einmal:
»Ob der Naturforscher an diejenigen Ansichten glaubt, welche de Lamarck, Geoffroy Saint-Hilaire, R. Chambers oder Wallace und ich selbst gegeben haben, oder an irgendeine andere derartige Ansicht, hat äußerst wenig zu bedeuten im Vergleich mit der Annahme, daß Arten von anderen Arten abstammen und nicht unveränderlich erschaffen worden sind.«
Über die mögliche Art und Weise der Anpassung des Lebens hat sich Darwin selbst wiederholt auch in lamarckistischem Sinne geäußert. Entscheidend war für ihn die Einsicht in den Zusammenhang des Lebens von seinen Anfängen an, der der Menschheit trotz seiner Vorgänger (Treviranus, de Lamarck u. a.) erst durch sein Werk bewußt wurde und unter schweren geistigen Kämpfen allmählich Anerkennung fand. Ob das höhere organische Leben aus vielen einfachen Zellen oder letzten Endes aus einer einzigen Urzelle hervorgegangen sei, ließ Darwin offen; er selbst neigte mehr der letzteren Auffassung zu. Wir können darauf noch heute keine sichere Antwort geben.

Mutation und Auslese

Die Befunde der Paläontologie zeigen uns, daß sich das Leben durch die Zeiten gewandelt hat. Die experimentell arbeitende Vererbungsforschung dagegen, die ihre Ergebnisse an rezenten Organismen gewinnt, rückt vor allem das konservative, formerhaltende Geschehen der Vererbung in das Blickfeld[1].

In kurzen Zeiten, die nach Jahren oder auch Jahrhunderten und Jahrtausenden zählen, überwiegt im Gang des Lebens also die Beharrung. In Jahrmillionen, wie sie die Paläontologie überblickt und in einem Profil von Schichtgesteinen oft wie in einem Zeitraffer zusammengedrängt vor sich hat, überwiegt dagegen die Wandlung.

Die erste Ursache der Wandlung sind, wie wir sahen, sprunghafte Veränderungen des Erbgutes. Ihr Erfolg hängt selbstverständlich erstens davon ab, ob der Organismus die Veränderung im Rahmen seines Gefüges zu bewältigen vermag; sonst erscheint sie als Mißbildung und Mißerfolg, die um so mehr drohen, je größer die Veränderung ist. Man spricht von der nötigen »inneren Korrelation«. Die zweite Voraussetzung des Erfolgs ist aber das Ja der Umwelt. Wenn es in ihr z. B. durch Jahrmillio-

---

[1] Die Haustierzüchtung zeigt freilich weit raschere erbliche Änderungen als in der Natur, weil dabei gezielt ausgelesen wird.

nen kälter wird, so bevorzugt sie unter den Warmblütlern solche Organismen, die »zufällig« etwas größer werden; denn dann wird die Körperoberfläche im Verhältnis zum Körpervolumen etwas geringer, der Wärmeverlust also etwas herabgesetzt. Wir nennen dieses »Ja« der Umwelt und ihr »Nein« zu anderen Formen *Auslese,* und die mathematische Wissenschaft der Biometrie vermag mit Hilfe der Wahrscheinlichkeitsrechnung zu zeigen, daß sich durch dieses Prinzip der Auslese auch geringe, auf dem Wege der Mutation zugefallene Vorteile allmählich durchzusetzen vermögen.

Es wäre jedoch falsch zu sagen, die Auslese »schaffe« so die Formen des Lebens; denn das Leben selbst ist es, das sie durch seine Mutationen schafft. Nur bringt es weit mehr an Formen hervor, als der auslesende Einfluß der Umwelt gutzuheißen vermag.

Das Leben verfährt also keineswegs diplomatisch, *sein* Kunstgriff ist vielmehr das Risiko und die Verschwendung. Und es weiß gleichsam, warum. Denn Diplomatie führt bekanntlich oft in Sackgassen, weil sie den Wechsel der Verhältnisse nicht weit genug vorauszusehen vermag. Das Leben hält für jeden solchen Wechsel zu jeder Zeit geeignete, d. h. lebensfähige Formen bereit.

Die Vielfalt des Lebens also ist es, die den Tod seit Jahrmilliarden überspielt. Und weil diese Vielfalt nur durch Mutationen im Vorgang der Fortpflanzung entsteht und somit des jeweiligen Abtretens der Generationen vom Lebensschauplatz bedarf, gilt Goethes Wort: »Der Tod ist der Kunstgriff der Natur, viel Leben zu haben.«

Wir sind nun wohl gefeit gegen den allzu oberflächlichen Einwand, daß die Auslese – also etwas nur Negatives – Organismen und Organe doch gar nicht hervorbringen könne. Denn *das* kann sie selbstverständlich nicht. Und doch ist ihre Wirkung keineswegs nur negativer Art.

Sie läßt sich vielmehr mit der Geistesarbeit eines Philosophen oder eines Dichters vergleichen, der aus der Fülle seiner Entwürfe und Gedanken die fruchtbarsten und »passendsten« ausliest, um daraus seine Systeme zu erbauen, seine Gedichte zu »verdichten«. In diesem Sinne also ist auch die natürliche Auslese schöpferisch – aber die Entwürfe und Gedanken, die es auszulesen gilt, müssen in Geist und Natur schon vorher dasein. Sie werden in der Natur durch Mutationen und Neukombination des Erbguts zur Verfügung gestellt. Erst Mutation und Auslese zusammen sollen alle die erstaunlichen Gestalten, Organe, Systeme und Funktionen des Lebens hervorgebracht haben, von der einfachsten – und doch schon so komplizierten – Zelle bis zu den Säugetieren und einem so hochkomplizierten Organ wie dem Säugetierauge. *Wie* das Leben – im Mosaikspiel der molekularen Genbausteine und im Zusammenwirken von Mutation und Auslese – so etwas »macht«, ist sicher noch nicht hinreichend aufgehellt; und es würde auch dann noch ein Wunder bleiben, wenn es einmal wissenschaftlich völlig aufgehellt wäre. Wir verstehen vollauf, wenn ein Paläontologe vor nicht langer Zeit schrieb:

»Es kann doch niemand im Ernst behaupten, er könne sich all derartige Raffiniertheiten durch Zufallsmutation und Aussterben all derjenigen Mitbewerber im Daseinskampf vorstellen, die dazu nicht vorzudringen vermochten! Wir wollen ja Probleme und Wunder sehen lernen, um sie wissenschaftlich angehen zu können, nicht aber sie fortleugnen!« (Hennig 1944).

Aber wir müssen *auch* die Ansicht des experimentierenden Genetikers zur Kenntnis nehmen und achten, der es für durchaus vorstellbar hält, daß sich das Wirbeltierauge durch bald verschlechternde, bald verbessernde Mutationen – also ohne zielgerichtetes Anpeilen der Verbesserung – unter der Wirkung der Auslese immer weiter vervollkommnet habe. Denn Beobachtungen und Experiment haben bisher stets zugunsten der Selektionstheorie entschieden. Heute werden, ohne sie ersetzen zu können, zur Erklärung zunehmend auch Vorgänge kybernetischer Rückkoppelung in Erwägung gezogen (Schmidt 1985). Auch der Selektionstheoretiker braucht jedoch nicht zu verkennen, daß die von ihm eingeleiteten Erkenntnisschritte noch keine unser »Erleben« befriedigende Antwort bedeuten.

Das Gleichgewicht des Lebens

Wir dürfen aus dem Prinzip der Auslese kein Dogma machen: So sehr sie am Werke ist, so sehr gibt es für das – schöpferisch tätige – Leben *viel* Spielraum. Denn es schafft nicht nur zufällig zweckmäßigere und zufällig unzweckmäßigere Formen, sondern auch sehr viele solche, denen gegenüber die Umwelt gleichgültig, neutral ist. Es ist das vor allem die bunte Welt der Muster, Ornamente und Skulpturen: Es gibt herrlich farbgemusterte Schneckengehäuse, deren Träger im Sand oder Schlamm eingegraben leben, so daß die Auslese hier gewiß nicht anzugreifen vermag und gerade deshalb auch eine Vielfalt der Zeichnungen zuläßt. Das Leben kann ein verschwenderisches Spiel treiben, das von der Auslese zwar kontrolliert, ihr aber keineswegs geopfert wird. Fälle extremer optischer Anpassung – Stabheuschrecken an das Gezweig, Schmetterlingsflügel an nach Umriß, Geäder und Farbe so gut wie gleiche Blätter – sind gewiß Musterbeispiele für die Wirkung der Auslese. Wenn aber zusammen mit solchen bis zur Unsichtbarkeit angepaßten Formen andere, sehr auffällige in nicht weniger großer Zahl leben, so ist zunächst zu bedenken, daß es auch andere Arten des Schutzes, z. B. durch abstoßenden Geruch, aber auch andere Arten der Gefährdung, z. B. durch kennzeichnenden, für die Jäger wegweisenden Geruch gibt. Jede Art von Schutz ist also nur von relativem Wert. Es gibt gleichsam ein Netz schützender, aber zugleich immer auch eine Anzahl gefährdender, dieses Netz bedrohender Faktoren, unter deren Gunst und Ungunst sich das Leben des Tieres abspielt. Vor allem aber kommt es ja nicht nur auf die Zahl der durch Auslese Ausgemerzten, sondern auch auf die – sehr verschiedene – Zahl der Nachkommen an. Ist sie hoch, so vermag eine Tierart der Auslese ihren Tribut zu entrichten, ohne dadurch Schaden zu nehmen oder gar ihre Existenz zu gefährden. Sinkt aber die Nachkommenzahl – und das kann wohl wiederum innere oder aber äußere, in der Umwelt liegende Gründe haben –, dann ist es auch um eine gut angepaßte Art geschehen. Das Aussterben kommt also daher, daß sich das *Gleichgewicht* zwischen Organismus und seiner Umwelt zuungunsten des Organismus verschoben hat. Dabei gehören zur Umwelt nicht nur die anorganischen Gegebenheiten, sondern vor allem auch überlegene Organismen, welche die Bühne des Daseinskampfes betreten.

Die Auslese kontrolliert selbstverständlich nicht nur das erstaunliche Zusammenspiel der Formen eines Organismus, sondern auch seine Funktionen, sein Verhalten. Ein Beispiel: Kiemenatmende Organismen im Wechselfeld von Ebbe und Flut sind in besonders schwieriger Situation. Einige heute an der indischen bzw. mittelamerikanischen Küste lebende kleine Schneckenarten, die sich im Bereich des jeweils äußersten Wellensaums aufhalten, meistern diese Schwierigkeiten auf folgende Weise: Wenn die brandende Welle über sie hinweggeht, halten sie sich dicht unter der Oberfläche im schützenden Sande verborgen. Erst wenn sie im Wiederablaufen ist, strecken sie ihren zweiteiligen Fuß in den nun schwächeren Rückstrom und spannen dabei quer zu ihm ein in diesem Augenblick gebildetes Schleimnetz aus. Nach dem Ablauf des letzten Wassers ziehen sie Fuß und Netz wieder ein und verzehren die darin gefangene Nahrung. Dann warten sie die nächste auflaufende Welle ab und wiederholen während ihres Ablaufens das gleiche Spiel. Mit eintretender Ebbe freilich beginnt sich der Wellensaum zurückzuziehen. Aber die Schnecke »weiß«, daß sie von der wasser- und nahrungsspendenden Welle bald nicht mehr erreicht werden kann. Sie stemmt sich deshalb aus dem Sand in einen der letzten sie noch eben erreichenden Wellensäume und läßt sich von dessen Rückflut einige Dezimeter meerwärts tragen, um sich dort erneut einzugraben und das geschilderte Spiel des Beutefangs von neuem zu beginnen. So wandert sie mit dem Saume der Wellen den Ebbestrand abwärts und mit der Flut wieder aufwärts, stets in der Nähe des Brandungsbereiches und doch geschützt vor seiner Gewalt (Seilacher 1959; Abb. 6).

Auch eine solche Anpassung also muß im Laufe der Entwicklung dieser Schneckenarten durch Mutationen und durch Auslese geeigneter Eigenschaften entstanden sein. Wir könnten sagen, der Brandungssaum sei der Ort,

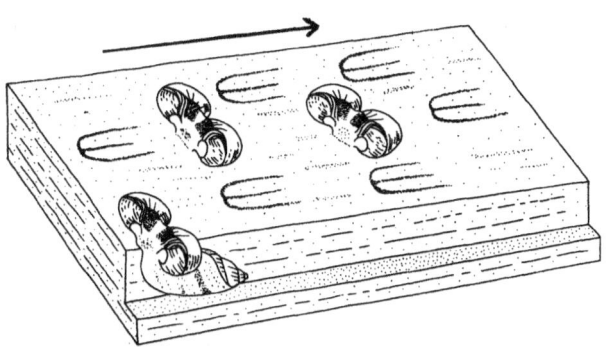

Abb. 6. Die rezente Schnecke *Olivella* breitet im Spiel der Wellen kurzfristig der Strömung (Pfeil) entgegengerichtete Schleimnetze zum Nahrungsfang aus.

in den diese Geschöpfe eingeordnet oder »eingeortet« sind – (wir sagen auch, er sei eine »Nische« der Natur, in die sie sich »*eingenischt*« haben) –, allen Gegebenheiten dieses Ortes oder dieser Nische in besonderer Weise angepaßt und gewachsen. Die Ortung erfolgt also durch das Ja eines bestimmten Orts zu *einer* aus vielen Entwicklungsrichtungen, die dadurch »orthoselektiert«, d. h. durch die auslesende, selektierende Einwirkung der Umwelt geradlinig (orthós griech. = gerade) ausgerichtet wurde.

Man wird bei solchen raffinierten Anpassungen auch an die berühmte, von K. v. Frisch erforschte *Bienensprache* denken, an die das Klima ihrer Bauten regulierenden Termiten oder an die erst jüngst entdeckten Fähigkeiten afrikanischer Witwenvögel, die ihre Eier auf fremde Nester einer bestimmten Art der Webervögel zu verteilen pflegen. Ihre ausgeschlüpften Jungen werfen im Unterschied zum jungen *Kuckuck* die Wirtsgeschwister nicht aus dem Nest, sondern lassen sich mit ihnen zusammen aufziehen. Dazu sind sie jenen bis in die Zeichnung und Färbung des Racheninneren hinein so übereinstimmend angepaßt, daß die fütternden Elterntiere die Fremdlinge nicht bemerken. Während der Jugendzeit im fremden Nest aber erlernen die Eindringlinge den Gesang der Wirtstiere bis in alle Einzelheiten, so daß sie ihn zusätzlich zu ihrem eigenen Stimmgut selbst ausübend beherrschen und dank dieser Fähigkeit später als Elterntiere auch wieder die Nester der richtigen Wirtsart für ihre Jungen finden (Nicolai 1965).

Es sind, soweit wir zu beurteilen vermögen, im allgemeinen kleine Schritte, die einen Organismus allmählich differenzieren und ihm nach Gestalt und Verhalten ein so eigenartiges Charakterbild verleihen, wie wir es zu schildern versuchten. Die Natur hat Zeit für ein solches Werden.

Man hat freilich oft die Frage gestellt, ob sich die stammesgeschichtliche Entwicklung *nur* in kleinen Mutationsschritten vollziehe – eine Frage, die auch heute noch von brennender Aktualität ist. Wir werden darauf zurückkommen (S. 100).

Neue Aspekte

Es war schon Darwin selbstverständlich, daß der durch »Variationen« sich ändernde Organismus nur lebensfähig sein kann, wenn dabei die gegenseitige innere Abstimmung (Korrelation) der Organe erhalten bleibt. Viel später schrieb Schindewolf (1950): »Nicht die Umweltbedingungen, sondern die in den Organismen selbst liegenden Faktoren sind [für erfolgreichen Fortgang der Evolution] entscheidend.« Er verband damit die Vorstellung richtender Kräfte im Organismus, welche die physische Konstitution zunächst ganz allgemein und ohne spezielle Anpassung verbessern, ehe ihr Ereignis dann der ebenfalls richtenden Selektion unterzogen wird.

Solchen allgemein formulierten Voraussetzungen und Forderungen hat neuerdings der Frankfurter Arbeitskreis um Gutmann, Bonik, Grasshoff, Vogel u. a. ein eigenes konstruktionsmorphologisches Forschungsprogramm gegenübergestellt, wonach Organismen von dem Angebot zufälliger Mutationen nach Art von Energie und Materie aufnehmenden Maschinen Gebrauch machen. Dabei zielt interne, also nicht nur von der Außenwelt her wirksame Selektion auf immer ökonomischeren Energieumsatz und dementsprechenden kontinuierlichen Wandel der Konstruktion, dessen Möglichkeiten durch mechanische Prinzipien freilich eingeschränkt sind, also der Sichtung, »Kanalisierung« und »Weichenstellung« unterliegen.

Zwischen Mutation und Selektion, die im Darwinismus die Hauptrolle spielen, schaltet sich also ein breites »epigenetisches« Aktionsfeld ein. Auf ihm spielt sich die seitens der Molekularbiologie allein nicht erklärbare organische Formbildung ab. Ihre Grundform ist eine flüssigkeitsgefüllte flexible Hülle in Kugelform, sei es als Zelle oder bereits als Vielzeller, die durch versteifende, dem Ansatz von Bewegungskräften dienende Fibern, Muskeln und später durch Hartskelettelemente abgewandelt wird, deren Bildung nur an ruhiggestellten Zonen ansetzen kann. So entstehen unter der möglichsten Wahrung des Ökonomieprinzips, d.h. des jeweils geringsten Energieaufwands, die verschiedenen Baupläne, z.B. zum Schlängeln befähigte Wurmkonstruktionen und aus diesen die ersten gepanzerten Fische. Es handelt sich also um ein modellhaftes, von der »Weichtier-Hydraulik« der jeweiligen Vorfahren ausgehendes, kontinuierlich begründbares Erschließen stammesgeschichtlicher Zusammenhänge der Baupläne höherrangiger organismischer Kategorien, wie es sich aus dem paläontologischen Material nicht ablesen läßt. Über solch abstrahierend-deduktiv vorgehender »kausaler Morphologie« darf aber selbstverständlich die traditionell beschreibende und vergleichende Biologie und Paläontologie nicht vernachlässigt werden, weil, wie auch Gutmann neuerdings einräumt, »die Bestandsaufnahme der Lebewelt nicht abschließbar ist« und nur diese traditionelle Forschungsrichtung die Fülle der in der Zeit sich wandelnden Lebewelt zu erarbeiten vermag.

Was ist eine
»paläontologische Art«?

Neuerdings ist ein Gelehrtenstreit über den Artbegriff in der Paläontologie entbrannt. Er knüpft an die rezente Art als Fortpflanzungsgemeinschaft an, deren Angehörige mit solchen verwandter Arten nicht oder jedenfalls nicht fertil paarungsfähig sind, wie z. B. die Maultiere (biologischer Artbegriff). Es ist klar, daß sich diese Fortpflanzungsgemeinschaft an fossilem Fundgut und auch durch morphologische Abschätzung nicht wirklich nachweisen läßt, wenn man an die unterschiedliche Variationsbreite heutiger Arten denkt. Bezüglich der Artentstehung besagt eine neuerliche, »Kladismus« genannte These (Setzung!), daß Arten nur aus der Abspaltung einer sich isolierenden Teilpopulation hervorgehen, wobei aus einer Art immer zwei Zweige (= zwei neue Arten) werden, deren Existenz durch dieses und das nächstfolgende »Gabelungsereignis« begrenzt sein soll. Auch wenn dabei der eine der beiden Zweige morphologisch unverändert bleibt, erklärt ihn strenger Kladismus aufgrund der neuen Beziehung zu der gleichzeitig entstandenen »Schwesterart« selbst zu einer neuen Art. Der Artbegriff wird hierbei nicht mehr morphologisch, sondern durch postulierte Artbildungsereignisse bestimmt, die sich freilich paläontologisch nur selten exakt ausmachen lassen. Paläontologie arbeitet mit morphologisch sich verändernden Entwicklungslinien in der Zeit, auch wenn sich keine Gabelungen erkennen lassen. Diese Veränderungen vollziehen sich offenbar manchmal schnell (»punktualistisch«), manchmal in kleinen gleichmäßigen Schritten (»gradualistisch«), wobei die Abgrenzung solcher Arten in der Zeit naturgemäß nicht ohne eine gewisse Willkür möglich ist (zeitgebundene »Chronospezies«). Da sich jedoch annehmen läßt, daß die Veränderung in der Zeit theoretisch ebenfalls eine Fortpflanzungsschranke bedeutet hätte, darf sich der allein über die Dimension Zeit verfügende Paläontologe solcher zeitlich gebundenen Arten mit Recht bedienen. J. Remane (1985) spricht als erfahrener Stratigraph von einer »unentbehrlichen Grundeinheit der Biochronologie«, mit der sich »trotz aller theoretischen Schwierigkeiten...in der Praxis präzise arbeiten« läßt. Dem Einwand, dafür genüge anstelle von Artnamen auch eine Numerierung, läßt sich entgegnen, daß man auch Gabelungsereignisse numerieren könnte. Unsere mit bezeichnenden Wörtern hantierende Nomenklatur trägt aber eine geistige Lebendigkeit in sich, auf deren gute Tradition zu verzichten kein überzeugender Anlaß besteht. Sich über den Artbegriff in der Paläontologie bis hin zu seiner denkbaren Tilgung wirklich zu einigen, bleibt wohl ein vergebliches Bemühen. Doch ist eine Entscheidung in dem ganzen Streit für die vorliegende Darstellung auch belanglos, weil es hier allein auf die Tatsache der Veränderungen im Kleinen und Großen ankommt.

Schon Darwin wies auf den oft schnellen Übergang zu einer neuen Art hin. Daneben gibt es aber auch sich langsam und gleichmäßig vollziehende Merkmalsänderungen, z. B. Größenzunahme innerhalb einer Art (Abb. 7). Beides, langsamer und schneller Wandel, unterliegt immer auch der steuernden Selektion. Denn da sich alle inner- und zwischenartlichen Veränderungen über Individuen mit jeweils höherem Anpassungswert vollziehen, läßt

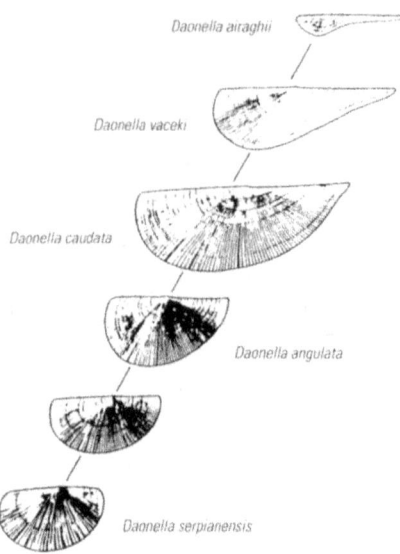

Abb. 7. Beispiel einer Chronospezies-Reihe: kontinuierliche Abwandlung der triassischen Muschelgattung *Daonella* in einem nur 4 m mächtigen Gesteinspaket der alpinen Trias. Das Variieren der einzelnen Arten innerhalb einer Art, also einem Zeitmoment, ist nicht berücksichtigt.

sich die Neubildung einer Art, auch wenn sie relativ schnell erfolgt, nicht als angeblich selektionsunabhängiger Akt von den selektiv kontrollierten Veränderungen abkoppeln.

In diesem Zusammenhang dürfen die berühmten Schnecken von Steinheim am Albuch (Schwäbische Alb) nicht fehlen. Dort schien ein Massenvorkommen der Gattung *Gyraulus* in 40 m mächtigen Kalksanden eines jungtertiären Kratersees eine Abfolge von kleinen flachen *(steinheimensis)* zu größeren hochgewundenen *(trochiformis)* und abermals flachen Gehäusen *(oxystoma)* zu zeigen, die der Tübinger Student F. Hilgendorf 1866 im Sinne eines Stammbaums, des ältesten und auch von Darwin anerkannten an fossilem Fundgut, deutete. Die damals vulkanische Erklärung des das heutige Dorf Steinheim bergenden Seebeckens führte in der Folgezeit dazu, in den Abänderungen nur Modifikationen in Abhängig-

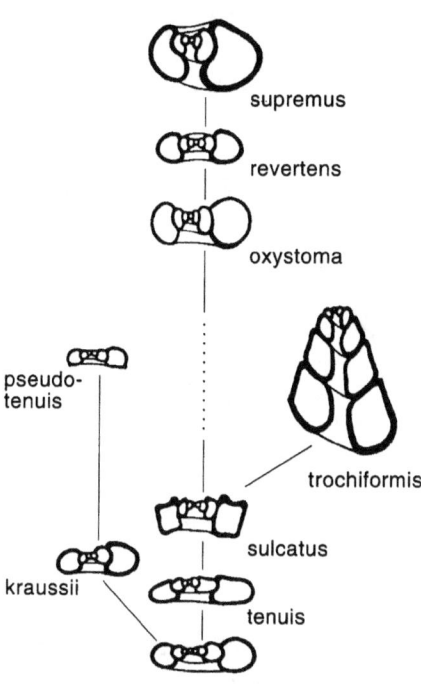

Abb. 8. Steinheimer Schnecken der Gattung *Gyraulus* aus dem jungtertiären Meteorkratersee von Steinheim am Albuch. Evolution der Haupt- und zweier von mehreren Seitenlinien.

keit von steigender und dann wieder sinkender Wassertemperatur zu sehen. Als sich seit 1960 die Erkenntnis eines meteoritischen Einschlagkraters durchsetzte, trat die rein phylogenetische Deutung erneut in den Vordergrund. Die hochgewundenen Formen lassen sich heute aber, da die flachen neben ihnen in geringer Zahl weiterexistieren, als blind endigender Seitenast deuten, so daß der scheinbar abrupte Rückschlag zu flachen Formen nicht mehr angenommen zu werden braucht (Abb. 8, 9).

Zu Beginn seiner Existenz wurde der See von 16 Wasserschnecken-Arten aus der Umgebung besiedelt, von denen sich aber schon bald nur drei den physikali-

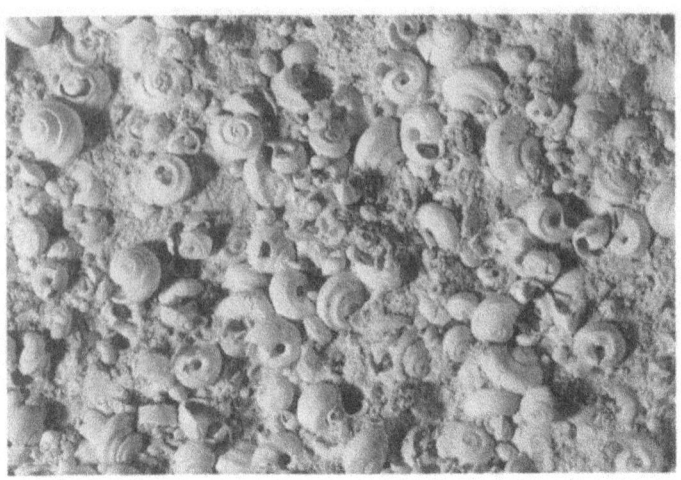

Abb. 9. Steinheimer Schnecken der Gattung *Gyraulus* aus dem jungtertiären Meteorkratersee von Steinheim am Albuch.

schen Sonderbedingungen (Salzgehalt) des Seewassers anzupassen vermochten, darunter eine dann endemisch sich entwickelnde *Gyraulus*-Art. Die Einwirkung des Milieus, nämlich erhöhte Jonenkonzentration des Wassers durch vorübergehende Eindampfung, dürfte auch am Erlöschen der hochgewundenen Seitenlinie beteiligt gewesen sein. Aus der widerstandsfähigeren Art *oxystoma* gingen dann nach der Krise nocheinmal größere Gehäuse *(supremus)* hervor.

Diese allein auf diesen See beschränkte Evolution von *Gyraulus* muß eine erhebliche Zeitspanne erfordert haben, der die geringe Dauer flüchtiger Normalseen von meistens kaum 100 000 Jahren nicht entspricht. Gorthner (1992) fand im Ochridsee, einem großen und tiefen Karstsee auf dem Balkan, ähnliche biologische Verhältnisse. Er gehört zu dem seltenen Typ tiefer »Langzeitseen« (Baikal, Titicaca), deren langfristige Existenz evolutionäre Abläufe erlaubt. Auch der Steinheimer See dürfte demnach über einen langen Zeitraum von vielleicht sogar mehr als 1 Mio Jahren existiert haben.

Ein weiteres Beispiel sind die Schnecken der Ägäis-Insel Kos, u. a. der Gattung *Viviparus,* die sich in 300 m mächtigen Mergeln und Sanden plio-pleistozänen Alters eines ebenfalls langfristigen Sees von glatten zu gerippten und gekielten Gehäuseformen wandelten. Erstmals 1874 beschrieben, bieten auch sie ein frühes Beispiel für einen Stammbaum. Willmann (1983) hat ihre Evolution neu untersucht und konnte trotz relativ engen Raums geographisch zeitweilig getrennte Unterarten, die sich aber wiedervereinigen konnten, sowie zeitlich sich folgende Unterarten ohne festlegbare Grenzen von nach kladistischem Artverständnis (S. 38) allein echten, aus einer Gabelung entspringenden Arten unterscheiden. Von besonderem Interesse ist dabei die der Verbreitung der Sedimente entnehmbare vorübergehende Schrumpfung des Sees auf nur 600 m Durchmesser und die damit verbundene Reduktion der ihn bewohnenden Schneckenpopulationen, was die beschleunigte Entstehung mehrerer Chronospezies zur Folge hatte. Es entspricht das der Erfahrung, daß sich vorteilhafte Mutanten in kleinen Populationen rascher als in großen durchsetzen. Man spricht dabei vom »Flaschenhals- (engl. bottleneck-)Effekt bei vorübergehend geschrumpften und isolierten, »in die Klemme geratenen« Populationen.

Besondere Schwierigkeiten, artlich Zusammengehöriges zu erkennen, hat die Paläontologie mit starken morphologischen Unterschieden innerhalb einer Art. Bei rezenten Krebsen gibt es im Dunkeln sitzende blinde Weibchen neben beweglichen, sehenden Männchen. Bei Trilobiten (S. 110) wäre das nicht unterscheidbar. »Die Paläontologie wird dann beide Geschlechter…als Arten, wenn nicht als Gattungen trennen müssen, aber auch heuristisch so am besten fahren« (R. Richter, Centralbl.

Mineral. 1922). Der millionenjährige Abstand zu unserem fossilen Material zwingt uns nicht selten zum Verzicht auf ein der Rezentbiologie angemessenes Verfahren.

Die Vielfalt des irdischen Lebens erscheint ungeheuer. »Realistische« Schätzungen lauten auf 3 bis 100 Millionen Arten, von denen die meisten als Insekten, und unter diesen überwiegend als Käfer, in den Wipfeln der tropischen Urwälder mit ihren rund 50000 Baumarten leben. Die Gesamtzahl aller seit der ersten Entfaltung im Jungpräkambrium (Ediacara-Fauna, S. 52) entstandenen Arten wird auf 180 Millionen bis sogar 10 Milliarden geschätzt. Die Unmöglichkeit einer exakteren Aussage hat vielerlei Gründe; u. a. kommt sie daher, daß von den heutigen Zahlen auszugehen ist, in denen die Insekten dominieren, während im fossilen Fundgut die marinen Wirbellosen überwiegen. Auch fehlt uns jede Vorstellung über das Maß des durch die Erdgeschichte hindurch mit Sicherheit eingetretenen Zuwachses der Artenzahl sowie über den Einfluß der ebenfalls gegebenen Rückschläge in Krisenzeiten und natürlich auch über das Verhältnis heutiger Baumwipfel-Faunen zu untergegangenen Waldvegetationen. Unsere Unkenntnis der heutigen Artenzahl, die Vierfüßer und Vögel allerdings nur sehr abgeschwächt betrifft, ist für geplanten Naturschutz sehr nachteilig und geradezu tragisch im Hinblick auf den von uns Menschen herbeigeführten gegenwärtigen Faunenschnitt, der bereits ein so umfassendes Aussterben zur Folge hat (Rödder u. a. 1983, May 1992).

Einzigartigkeit
des irdischen Lebens

Man mag sich fragen, ob es Leben auch auf anderen Weltkörpern gebe. Auch dort mögen komplizierte organische aus anorganischen Verbindungen entstanden sein. Die Lebensentfaltung auf dem Wege zufälliger Erbänderungen und der unendlichen Zahl ihrer möglichen Kombinationen ist aber ein so komplexes und grundsätzlich unberechenbares Geschehen, daß die Erscheinung des Lebens, wie es sich auf der Erdoberfläche entwickelt hat, mit Sicherheit auf keinem anderen Weltkörper ein gleiches Bild zeigen kann.

Dabei ist es allerdings wahrscheinlich, daß sich gewisse Grundprinzipien der Gestaltung infolge der von der Umwelt gestellten Anforderungen und infolge einer gewissen Begrenzung der Möglichkeiten auch im Falle außerirdischen Lebens einstellen würden. Schwebende und sessile Organismen dürften auch dort radiär-symmetrisch, ortsungebundene aber bilateral und mit Extremitäten ausgestattet sein. Auch der Kopf als paariger Sinnespol mit paarigen Orientierungsorganen am Vorderende des Körpers mag als eine solche, sich in der Evolution fast notwendig einstellende Grundorganisation angesehen werden. Ob freilich hochentwickelte außerirdische Lebewesen auch zum Denken gelangen und etwa die gleiche – oder eine andere? – Mathematik als der Mensch entwickeln »müßten«, bleibt einstweilen der Spekulation vorbehalten. Es ist uns aber auch kaum vorstellbar, daß das unserer Erkenntnis immer weiter sich dehnende Universum sonst ganz ohne ein Leben sein soll, das sich seiner Sinngebung bewußt ist. Die Astronomie ist nach Zeitungsberichten soeben dabei, erstmals der Existenz auch andere Sonnen (Fixsterne) umkreisender Planeten auf die Spur zu kommen.

Der metaphysische Porenraum

Der Philosoph K. R. Popper hat sich seine eigenen Gedanken über Evolution und Darwinismus gemacht, der »keine prüfbare wissenschaftliche Theorie« sei, »sondern ein metaphysisches Forschungsprogramm«, als solches allerdings »für die Wissenschaft von großem Wert«. Über den ersten Satzteil mögen sich die Kreationisten die Hände reiben (es sind das Leute, die den biblischen Schöpfungsbericht mit Naturwissenschaft verwechseln und das für Frömmigkeit halten). Poppers problematische Formulierung hängt mit seiner anfechtbaren Ablehnung des induktiven Elements in dem altbewährten Zusammenspiel von Induktion und Deduktion bei der Gewinnung von Erkenntnis zusammen. »Tatsächlich beruht der Nachweis der Evolution der Organismen im Laufe der Erdgeschichte auf Indizien. Doch fällt deren ungeheure Zahl so schwer ins Gewicht, daß die meisten Biologen mit der Evolution als einer zwingenden Theorie rechnen.« (Kuhn-Schnyder u. Rieber 1984). Für die Mehrzahl von uns Paläontologen gilt noch immer das Wort: »Sammelt Tatsachen – aus diesen erwächst der Gedanke!«, so daß wir Poppers Behauptung, jeder Beobachtung müsse eine Theorie vorangehen, für einen Irrtum halten. Es gibt beides: aus Theorien sich ergebende Beobachtungen und bar jeder vorangehenden Theorie sich uns aufdrängende

Beobachtungen, die zu neuen Theorien, in seltenen Fällen gar zu einem »Paradigmenwechsel« (O. Kuhn) führen können. Das vielfach (nicht immer) unvoreingenommene Sammeln von Beobachtungen hat in nunmehr zweihundertjähriger Forschung die Überzeugung gefestigt, daß »sinnvolle biologische Aussagen nur im Lichte der Evolution möglich« seien (Th. Dobzhansky).

Poppers oben erwähnter Metaphysikbegriff hat mit dem in der Überschrift dieses Kapitels verwendeten nichts zu tun. Metaphysik in dem hier gemeinten Sinne betrifft den weder beweisbaren noch widerlegbaren Unter- und Hintergrund der wissenschaftlich erforschbaren Welt – ihr »Daß«: daß es Kosmos, Natur und Evolution überhaupt gibt, was ohne Ursprung und Urquell nicht denkbar ist, ob wir danach fragen oder nicht. Dabei kommt diesem nicht hinterfragbaren Hintergrund keinerlei faßbare kausale Funktion zu. Er ist der geheime Rest oder besser das Schöpfungsgeheimnis in allem wissenschaftlich noch so vollständig Erforschten, das Unerforschliche, das es mit Goethe »ruhig zu verehren« gilt.

Der Vitalismus, den man als biophilosophische Anschauung seiner Zeit nicht wie heute üblich nur schmähen sollte (*H. Driesch* war doch gewiß ein kenntnisreicher Biologe und Philosoph), unterscheidet sich von der hier skizzierten Auffassung (eines Nichtphilosophen – denn Fachphilosophen formulieren anders) dadurch, daß die vitalistische »Entelechie« als wirkende, wissenschaftlich erkennbare Lebenskraft verstanden wurde, während der »Porenraum« das Geschehen nicht bestimmt, sondern auf die Grenzen wissenschaftlicher Erkenntnis weist.

Der große Geologe *Hans Cloos* hat zu einem anderen räumlichen Bild gegriffen. In seinem berühmten Buch »Gespräch mit der Erde« verglich er die wissenschaftliche Arbeit des Paläontologen mit dem Tun in der Ebene eines gleichsetigen Dreiecks. Die Aufgabe, mit drei weiteren Randleisten daraus vier gleichseitige Dreiecke zu machen, ist in der Ebene unmöglich. Es bedarf dazu vielmehr des kleinen Kunstgriffs der Errichtung einer senkrecht darüberstehenden dreiseitigen Pyramide. Cloos wörtlich: »Die Ebene zeigt uns das Gewimmel der Tiere und Pflanzen aller Zeiten; aber im Raume darüber hat die Ehrfurcht vor dem uralt heiligen Leben ihre Altäre.« Dazu paßt ein Wort des tschechischen Denkers und modernen Psalmisten *Jirf Havliček*: »Auch wenn alles bloß durch Zufall zustande kam, von meinem Körper bis hin zum Weltall – ist dann der Zufall nicht ein Wunder?«

Teilhard de Chardins Deutung einer planmäßig auf den Menschen hin und von Gott her gelenkten Geschichte des Lebens übergeht die von der modernen Evolutionsforschung aufgedeckten Kausalitäten, die solchen Plan nicht erkennen können. Um den versuchten Brückenschlag zwischen Naturwissenschaft und Metaphysik anzudeuten, prägte er den Begriff »Hyperphysik«, verkannte aber, daß Naturwissenschaft ihn nicht leisten kann, ohne ihren eigenen Grundlagen abzusagen. Der Brückenschlag kann, mit einem symbolischen Regenbogen gleichsam, nur im Glauben an den wissenschaftlich erfaßbaren Sinn unseres Daseins erfolgen. Aus dem umfangreichen kritischen Schrifttum sei *G. v. Wahlert* (1966) genannt.

Vom Anfang und der Frühzeit des Lebens

Ort und Zeit der Entstehung des Lebens sind ungewiß und ein der paläontologischen Überlieferung nicht unmittelbar zugängliches Thema. Daß es durch chemische Reaktionen unter sauerstoffreien Bedingungen zum Aufbau zunehmend komplizierter Verbindungen (Moleküle) aus anorganischer Materie kam, gilt seit diesbezüglichen Experimenten (Oparin 1938, Miller 1955) weithin als unbestritten. Ob sich diese Vorgänge aber primär (autochthon) auf der Erde, und zwar nach schon klassischer Theorie unter Mitwirkung bestimmter Katalysatoren in einer urozeanischen Lösung (»Ursuppe«), vollzogen oder ob der Erde organische Partikel aus dem Weltraum nach Abkühlung aus ihrem glutflüssigen Anfangszustand mit meteoritischem Material erst zugetragen wurden, ist offen. Interstellare Staubwolken, älter als unser Sonnensystem, sind nach jüngsten Erkenntnissen reich an den sog. Bio-Elementen C, H, N, O, und S und Bereiche organischer Syntheseprozesse. H.-D. Pflug (Mskr. 1993) dazu: »Möglicherweise deutet sich darin eine ursprüngliche Verbindung zwischen kosmischer Chemie und irdischer Biologie an.« Die Aminosäuren Glycin und Gamma-Aminobuttersäure kommen schon in solchen Staubwolken sowie in Meteoriten vor und sind auch wesentliche Botenstoffe im Gehirn aller Tiere. »Das Universum war also schon sehr früh auf das Erscheinen von Intelligenz vorbereitet.«

Für das Modell kosmischer Herkunft mag sprechen, daß auf der Erde schon vor rund 4 Mrd. Jahren in kieseligen Gesteinen (Isua-Serie Grönlands) erhaltene Bakterien und Hefepilze existierten, für deren bereits sehr komplizierte Organisation eine eigentlich längere Vorbereitungszeit erforderlich erscheint als sie auf der Erde seit Ende ihres glutflüssigen Zustandes verfügbar war (Schidlowski 1990). Enthalten heutige Bakterien doch mehr als 10 000 verschiedene, lebensnotwendige Inhaltsstoffe (Pflug)! Dazu kommt, daß Eisenoxyde und Sulfate in solchen rund 4 Mrd. Jahre alten Gesteinen auf einen schon damals vorhandenen, wenn auch sehr geringen Anteil freien Sauerstoffs in der Atmosphäre weisen, der anorganischer Herkunft sein könnte; eher aber ist er das Produkt der sauerstoffliefernden Photosynthese, die demnach schon damals betrieben wurde. Auf ihr baut später, nach der Entstehung der mit Kern versehenen eukaryotischen Zelle vor rund 2 Mrd. Jahren, alles höhere Leben auf. Lebensentstehung ist aber bei Anwesenheit von Sauerstoff undenkbar, obwohl anaerobisch entstandenes Leben unter solchen Bedingungen bis heute anaerobisch existieren kann (Schwefelbakterien). Lebensentfaltung und Fortpflanzung bedurfte und bedarf dagegen des von der pflanzlichen Photosynthese erzeugten Sauerstoffs, der Abgestorbenes durch Oxydation wieder in seine Elemente zerfallen läßt.

Neben Hefepilzen, die übrigens bereits einen winzigen Zellkern haben, und Bakterien könnten als erste irdische Lebewesen und Wurzel des irdischen Lebens auch die erst seit kurzem ins Blickfeld der Wissenschaft getretenen Ur- oder Archäbakterien in Frage kommen. Diese leben heute, ausgestattet mit einer besonders konstruierten Zellwand, in heißen vulkanischen Gewässern

(Island, Yellowstone) sowie an heißen Quellen der mittelozeanischen Rücken und damit unter Bedingungen, wie sie zur Frühzeit der Erdoberfläche herrschten (Zillig).

Kalkschlick-fangende Cyanobakterien (»Blaugrünalgen«) bildeten in präkambrischen Flachmeeren vor knapp 3 Mrd. Jahren lagige, knollige oder auch säulig gegliederte Kalkpolster konzentrischer Struktur (Stromatolithen) als einzige größere und zugleich weit verbreitete Fossilien jener Zeiten.

Im übrigen traten größere, echt organismische Fossilien erst im Jungpräkambrium vor etwa 650 Mio. Jahren auf. Man fand sie zuerst als »Ediacara-Fauna« bei einem Ort dieses Namens in Australien, dann aber auch in anderen Erdteilen. Ihr australischer Entdecker M. Glaessner hielt sie für Vorfahren der kambrischen Fauna wie Würmer, Seefedern (Oktokorallen), Mollusken, Gliedertiere, Stachelhäuter. Der Tübinger Paläontologe A. Seilacher (1992) hat sie neuerdings weltweit aufgesucht und beschreibt deren sehr verschiedene Formen aufgrund einer gemeinsamen »Steppdecken-Konstruktion« als weichkörperige Organismen eigener, vielleicht weder pflanzlicher noch tierischer Organisation, die mit ledriger, Nahrung aufnehmender Haut an gegliederte (»gesteppte«) Luftmatratzen erinnern, dem Meeresboden auflagen oder aufsaßen, auf ihm zum Abdruck gelangten und keine nachkambrischen Verwandten mehr haben. Er nannte sie nach dem Vendium, der jüngsten Stufe des Präkambriums, Vendobionta (Abb. 10). Daneben gab es untergeordnet aber auch skelettlose Vorfahren der im Kambrium dann aufblühenden und die Grundbaupläne der gesamten jüngeren Tierwelt umfassenden skelettragenden Fauna. Das Aussterben der Vendobionta könnte auf deren durch Beweglichkeit und räuberische Lebensweise überlegene Konkurrenz zurückzuführen sein.

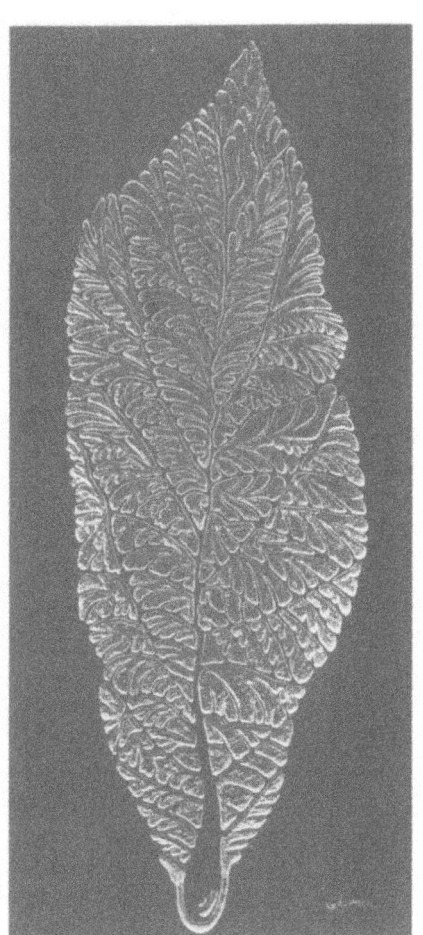

Abb. 10. Ein Vendobiont mit »Steppdeckenmuster«, Rekonstruktion nach einem von jungpräkambrischem (vendischem) Sandstein abgenommenen Lackabzug. Etwa 12 cm.

Die Abnahme des Kohlensäuregehalts auch im Meer ermöglichte unterhalb eines gewissen Schwellenwertes die Ausscheidung phosphatischer und etwas später auch kalkiger Hartteile und wahrscheinlich auf diese Weise die so plötzlich einsetzende Überlieferung bisher skelettloser Tierstämme (s. Trilobiten S. 110). Der atmosphärische Sauerstoff, von dem sich ja nur einige Prozent im Wasser lösen, vermochte vielleicht auch erst jetzt die nötige Energie für die Schalenbildung zu liefern (Vangerow 1967). Unter dem Gesichtspunkt der Auslese (S. 27) könnte die Erwerbung von Außenskeletten (Schalen) überdies mit dem Auftreten der ersten räuberischen Tiere zusammenhängen und damals als Schutz notwendig geworden sein (Lotze, in Haas 1959).

Tier- und Pflanzenwelt

Die Tierwelt steht bekanntlich in grundsätzlicher Abhängigkeit von der Pflanzenwelt. Im Bereich der Einzeller, aus dem alle vielzelligen Lebewesen hervorgingen, gibt es solche, die sich von Elementen wie Schwefel und Stickstoff oder dank des Besitzes von Chlorophyll auf dem Wege der Photosynthese von Kohlensäure selbst oder doch teilweise selbst zu ernähren vermögen, und andere, die zu ihrer Ernährung auf Partner mit diesen Fähigkeiten angewiesen sind. Dieser Unterschied blieb in der weiteren Entfaltung des Lebens zwischen Pflanzen- und Tierreich[1] bestehen. Es war wohl diese andere Art der Ernährung, die eine für aktive Nahrungssuche, Jagd, Angriff und Flucht taugliche Organisation verlangte, welche die Tierwelt der Meere seit der Urzeit zu so ungleich größerer Formenmannigfaltigkeit als die Pflanzen führte. Blieben die Pflanzen doch im Meere, soweit sie dort ursprünglich zu Hause sind, bis heute auf der einfachen Stufe der Algen stehen – wobei freilich nicht vergessen werden darf, daß die Mannigfaltigkeit der Zellorganelle, insbesondere der im Dienste der Photosynthese ste-

---

[1] Das gesamte Organismenreich teilt man heute in Einzeller ohne Kern (Akaryota), Einzeller mit Kern (Eukaryota), Pflanzen (Plantae), Tiere (Animalia) und Pilze (Fungi).

henden Chromatophoren, bei den Algen größer als bei allen anderen Pflanzen ist.

Aus der Geschichte der Pflanzen

Das große Reich pflanzlicher Einzeller, das Phytoplankton, bildet den Anfang der Nahrungskette der ge-

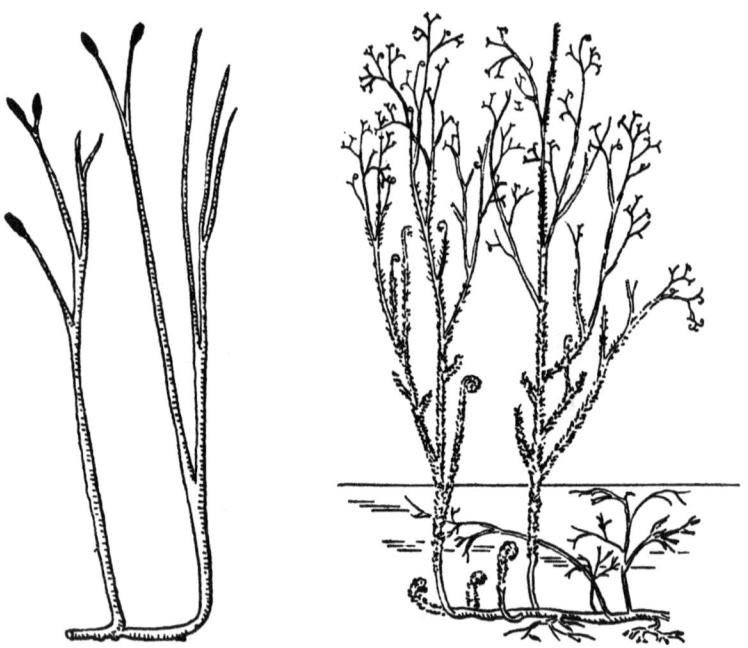

Abb. 11. Devonische Nacktpflanzen beim Übergang zum Landleben. Links *Rhynia*, rechts *Asteroxylon*. Mitteldevon von Schottland und Elberfeld. Die vertikale Aufrichtung über anfangs noch wurzelloser, der Verankerung dienender Horizontalachse bedarf einer Begründung. Denn nach Verlassen des tragenden Wassers wäre horizontales Wachstum, wie bei den Lebermoosen, für Landpflanzen das Nächstliegende gewesen. Es war vermutlich frühe Raumnot, die – wie heute noch – zum Höhenwachstum zwang (Leistikow 1990).

samten marinen und eines Teils der terrestrischen Tierwelt. Das empfindliche Reagieren dieser Existenzgrundlage auf Veränderungen des Meerwassers hat entscheidenden und oft bedrohlichen Einfluß auf alles davon abhängige Leben.

Der erste Schritt der Pflanzen an Land gelang vermutlich spätestens im Kambrium manchen Grünalgen, die feuchtes Erdreich, also schon früher durch Mikroben (Bakterien, Pilze) aufbereiteten Boden, bewohnten und im Ordovizium erste grüne Teppiche bildeten, ehe im Silur die küstennahe schüttere Vegetation der aufrecht wachsenden, einfach gegabelten, noch blattlosen »Nacktpflanzen« *(Psilophyten)* erschien (Abb. 11). Ihr Leben an Land setzte zahlreiche Entwicklungen im Dienste von Wasserleitung, Tragfähigkeit sowie Austrocknungs- und Strahlenschutz voraus: auf chemischer Seite u. a. das der Verholzung dienende Lignin sowie Kutin als Schutzschicht der Kutikula gegen Verdunstung, auf morphologisch-anatomischer Seite Leitbündel und Spaltöffnungen. Auch solche neuen Merkmale und Eigenschaften haben ihre Geschichte. Lignin, das der Evolution der Kohlehydrate entstammt, kommt schon bei manchen Grünalgen als vor Mikroben schützender Stoff vor. Bei Landpflanzen dient es nun durch Einbau in das Cellulosegerüst unter Funktionserweiterung der Bildung des stützenden Holzes (Pflug 1984). Die Spaltöffnungen scheinen nach Remy u. Hass (1986) aus Geschlechtssporen hervorgegangen zu sein, die auf den Gametophyten der überraschenderweise schon bei unterdevonischen Nacktpflanzen entwickelten geschlechtlichen Generation diffus verteilt waren, dann teilweise steril und zu Spaltöffnungen umgebaut wurden.

Da für die meisten Pflanzen Natriumchlorid Gift ist, abgesehen von den Halophyten als späten Salzspezialisten (Walter und Breckle 1983), dürfte die Besiedlung des Landes durch Pflanzen über Grünalgen aus süßem Wasser und feuchtem Boden erfolgt sein, obwohl es auch die Annahme der Besiedlung direkt aus dem Meer gibt (Schweitzer 1983). (Was die dem Meerwasser ähnliche Körperflüssigkeit der Tiere in diesem Zusammenhang bedeutet, bleibt einstweilen Spekulation). Der ersten Psilophyten-Vegetation am Rande der zuvor unbewohnten Landwüsten begegnen wir z. B. in devonischen Gesteinen Nordschottlands und des Rheinischen Schiefergebirges (Abb. 11). Der Schritt an Land aber öffnete den Pflanzen ein Tor zu vielfältigsten Möglichkeiten. Für die Auslese ergaben sich neue Gesichtspunkte: so die Bevorzugung stützender Gewebe, die freies Emporwachsen in Licht und Luft sowie Nachfuhr der Nährstoffe erlaubten, weiter die Bevorzugung verankernder Wurzeln und die Förderung neuer Wege der Fortpflanzung, die im Wasser durch Zusammenführung der Sporen gesichert war. In der Gesamtgestalt tritt an Stelle der gleichmäßigen Verdünnung der Sproßgabeln die Verstärkung eines tragenden und mit fiederig gestellten Seitenzweigen besetzten Hauptstammes, im Blatt ähnlich die sich komplizierende Haupt- und Seitenaderung, die in Form der hochentwickelten Netzaderung »die Saftzufuhr auch dann noch sichert, wenn der unmittelbare Verbindungsweg der Saftgefäße durch Windbeschädigung oder Fraß unterbrochen ist«(Hennig 1938).

So wirkt sich die neue Umwelt des Landes, dessen Forderungen es standzuhalten galt, auf die Entfaltung günstig aus (Abb. 12, 13).

Die Moose stellen wahrscheinlich eine Eigenentwicklung aus den Grünalgen heraus dar. Sie blieben als gleichsam amphibische Pflanzen an die Bodenfeuchtigkeit gebunden, der auch ihre Kleinwüchsigkeit entspricht.

Rasch gehen aus den Nacktgewächsen die Bärlappgewächse (mit Schuppen- und Siegelbäumen) und die

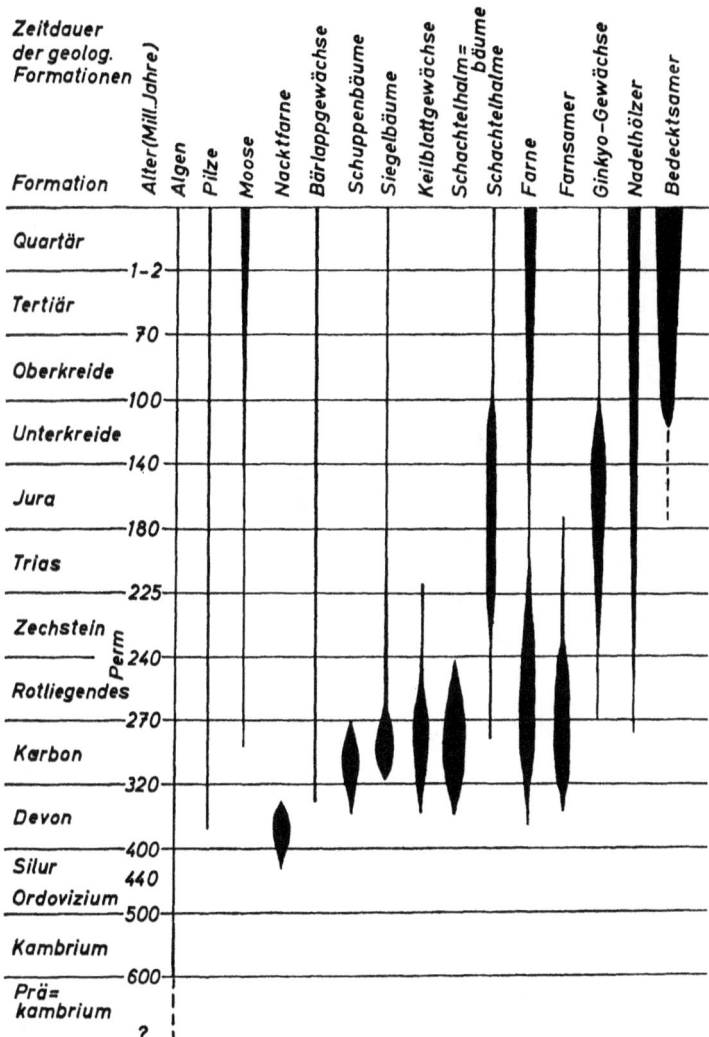

Abb. 12. Zeitliches Vorkommen der wichtigsten Pflanzengruppen; zugleich Formationstabelle. – Zu den seit der 1. Auflage revidierten absoluten Alterszahlen s. Erläuterung zu Abb. 16. Schuppen- und Siegelbäume sind Bärlapp-Verwandte, Ginkgo-Gewächse und Nadelhölzer sind Nacktsamer. Heutiger Nachfahre der Siegelbäume ist *Isoëtes*. Cordaiten und Cycadeen sind nicht eingetragen.

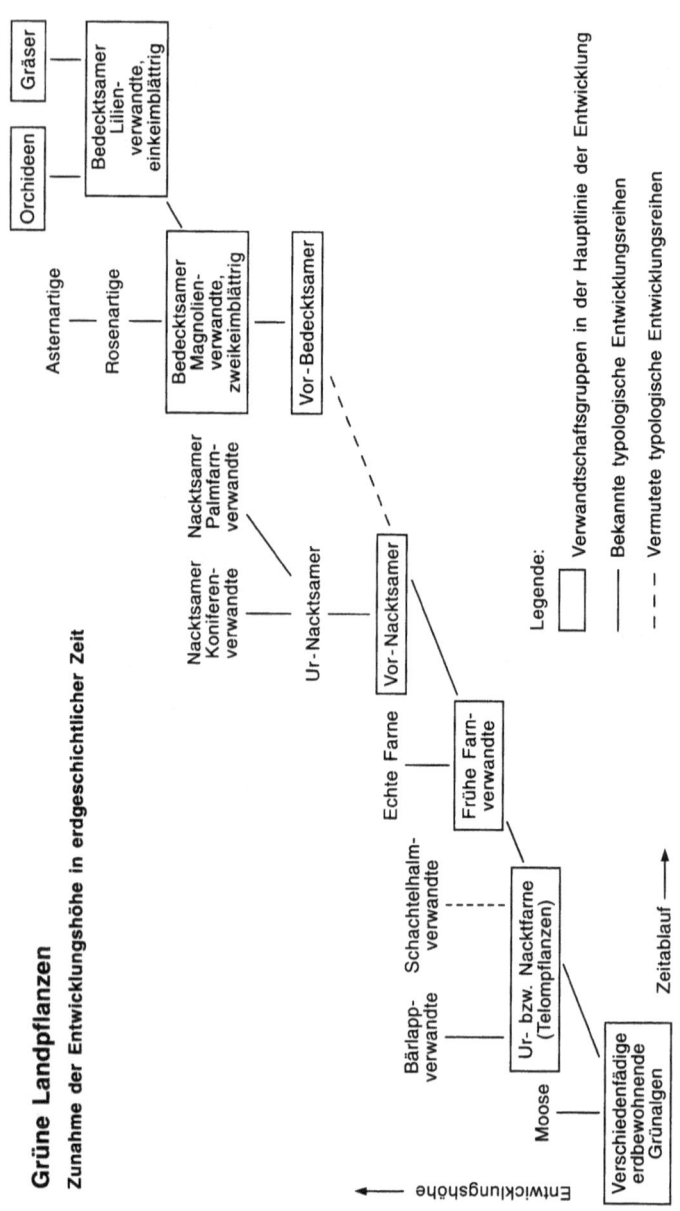

Abb. 13. Typologisch vermutete Evolution des Pflanzenreichs.

Schachtelhalme hervor, die den schon hohen Baumwuchs der Steinkohlenwälder stellen und heute nur noch in Relikten leben, sowie die bis heute in Baumgestalt vorkommenden Farne. Eine Umstellung von Gewächsen mit ungeschützten Sporen (männlichen und weiblichen Gameten) auf solche mit Samen, die ungünstige Zeiten in Ruhelage überdauern konnten (wie die Insekten im Puppenstadium!), führte zu den Gymnospermen (»Nacktsamern«), die sich in Cycadeen, Ginkgogewächse und Nadelhölzer gliedern. Die Höherentwicklung geht vermutlich nicht über die jeweils fortgeschrittenen Vertreter der Hauptgruppen, vielmehr über die altertümlichen Formen von deren jeweiligem Wurzelbereich, ohne daß die stammesgeschichtlichen Wege schon des näheren bekannt wären.

Abb. 14. *Callipteris conferta*, Wedel eines Samenfarns. Rotliegendes (Unt. Perm), Lebach.

Abb. 15. *Persea princeps*, Lorbeergewächs, Miozän, Öhningen.

Eine ausgestorbene, von den Farnen zu den Gymnospermen vermittelnde Gruppe sind die das Vegetationsbild von Karbon und Perm mitbestimmenden Samenfarne (Pteridospermen, Abb. 14). Sie verbinden Samenbildung mit Blütenlosigkeit, Farnlaub und echten Holzstämmen an ein und derselben Pflanze, Merkmale also, »die bei keiner lebenden Pflanze gekoppelt sind oder deren organische Verbindung irgendwie hätte vorausgesehen oder geglaubt werden können« (Leistikow 1990).

Nadelhölzer (Koniferen) und Cycadeen (»Palmfarne«) prägten die Flora des Erdmittelalters. Letztere sind noch heute als stattliches Unterholz in Südostasien und Australien verbreitet, die im Erdmittelalter auch in Europa häufigen und formenreichen Ginkgogewächse dagegen heute mit nur noch einer wildwachsenden Art auf ein Rückzugsgebiet in Südostchina beschränkt, der erst der Mensch neue weite Verbreitung als Parkbaum verschaffte.

Aus den Gymnospermen gingen später die Angiospermen (»Bedecktsamer«) hervor, deren Entfaltung in der Mitte der Kreidezeit so stürmisch erfolgte, daß rasch ein schon fast modernes Bild der irdischen Vegetation unter freilich wärmerem Klima als heute entstand (Abb. 15). Im Alttertiär trug selbst Grönland Palmen und andere immergrüne Gewächse, was allerdings auch mit der großräumigen Verschiebung der Kontinente auf wandernden Erdplatten (Plattentektonik) zusammenhängt. Die Bedecktsamigkeit bedeutet geschützte Entwicklung des Keimes durch Umhüllung mit Blütenkelch und Krone sowie durch Fruchtgebilde aller Art. Der Weg von Sporenpflanzen, die zur Keimung auf Wasser angewiesen sind, zu den Blütenpflanzen entspricht der zunehmenden Wasserunabhängigkeit der Fortpflanzung in der Evolution der Landtiere. Denn mit männlichen Staubgefäßen und weiblichen Griffeln, die sich den Mikro- und Makrosporangien der Vorfahren homologisieren lassen, ist der Befruchtungsvorgang in den wasserunabhängigen Bereich der Blüte verlegt.

> Die Trennung der Angiospermen in Ein- und Zweikeimblättrige (Mono- und Dikotyledonen) erinnert an die der Säugetiere in Aplacentalier (Beuteltiere) und Placentalier. Die Fortschrittlicheren sind hier aber die Monokotyledonen, die in der Orchideenblüte eine exzessive Spezialisierung der Tierbestäubung, in den Gräsern eine ebensolche der Windbestäubung erreicht haben. Von ihnen aus gesehen, hat auch die bei Gymno- und Angiospermen verbreitete Lebensform der Bäume, die es bei den Monokotyledonen nur abgeschwächt noch bei Palmen, Drachen-

und den australischen Grasbäumen gibt, »archaischen« Charakter, dem das »modernere« krautige Wachstum ohne Stamm gegenübersteht (Leistikow 1990).

So fand die Pflanzenwelt durch die »Anregungen«, die ihr die neue Umwelt des Landes bot, erst die Fülle ihrer Gestaltungen und damit hier ungleich stärker als die Tierwelt, die mit der Mehrzahl der Formen bis heute im Meere blieb, ihre »Wahlheimat«.

Die heutigen höheren Wasserpflanzen, z. B. die limnischen »Seerosen« und die marinen »Seegräser«, sind erst sekundäre Rückwanderer vom Lande her.

Schon in der Steinkohlenzeit (Karbon/Perm) gab es eine Zone tropischer Küstenmoore und Inlandmoore, denen die nordamerikanisch-europäischen Steinkohlen entstammen, und einen südlichen Kohlengürtel kühlgemäßigten Klimas mit anderen Florenelementen, dessen einstige Einheit (Gondwanaland) durch Kontinentalverschiebungen zerrissen wurde und heute auf Südamerika, Südafrika, Indien und Australien verteilt ist. Die Paläobotaniker hielten aufgrund dieser Verteilung in der Mitte unseres Jahrhunderts als einzige an Alfred Wegeners Kontinentalverschiebungstheorie fest, ehe sie in Form der Plattentektonik von neuem bestätigt wurde.

Auch in der Tertiärzeit herrschte in Europa eine üppige tropisch-subtropische Flora innerhalb und außerhalb der Braunkohlensümpfe. An ihre Stelle traten in der pleistozänen Eiszeit, deren Ursachen hier nicht zur Frage stehen können, ausgedehnte Tundra- und Lößstaubgebiete in der Zange zwischen dem wiederholt vorstoßenden skandinavischen und alpinen Inlandeis, während die Wälder jeweils nach Südeuropa zurückgedrängt wurden (Abb. 12). Dabei verarmte die mitteleuropäische Flora mehr und mehr. Manches Gewächs, das noch aus älteren Interglazialen (d.h. zwischeneiszeitlichen Ablagerungen) nachgewiesen ist, wie *Rhododendron ponticum* und *Magnolia*, suchen wir in jüngeren Interglazialfloren vergeblich. Einige Arten, wie der Feigenbaum und die Walnuß, hielten sich bis in die jüngeren Interglaziale, kehrten aber in der Nacheiszeit nicht mehr zurück. In Nordamerika hingegen, wo die Nord-Süd-streichenden Gebirgszüge für die Pflanzenwanderungen kein Hindernis bedeuteten, war eine solche Florenverarmung nicht zu spüren (Mägdefrau 1966). Daher die noch heute viel artenreicheren nordamerikanischen Wälder.

Aus der Geschichte der wirbellosen Tiere

Wir übergehen hier das große und überaus reizvolle Reich der einzelligen Tiere, obwohl ihre schalentragenden, besonders in den Foraminiferen und Radiolarien vertretenen Formen auch in den Gesteinen häufig und von großer Bedeutung für die Erkenntnis stammesgeschichtlicher Vorgänge sind. Aus den Einzellern müssen sich, ohne daß wir den Vorgang an paläontologischem Material verfolgen könnten, die Vielzeller als höhere Organisationsstufe herausgebildet haben (Abb. 16). Den einfachsten Vielzellern dürfte eine hohle Zellkugel zugrunde liegen, die sich einstülpte und dadurch zweischichtig wurde (Außenschicht = Ektoderm und Innenschicht = Entoderm).

Großforaminiferen bringen es durch vielfache Repetition ihrer oft sehr komplizierten Bauelemente zu erheblichem Umfang bis in den dm-Bereich, z. B. die münzenförmigen Nummuliten. Nach Seilacher (1992) handelt es sich bei den erwähnten Vendobionta um noch viel größere Lebensformen (bis nahezu 1 m), die sich aufgrund des sie prägenden Repetitionsprinzips ebenfalls nur als Einzeller verstehen lassen sollen.

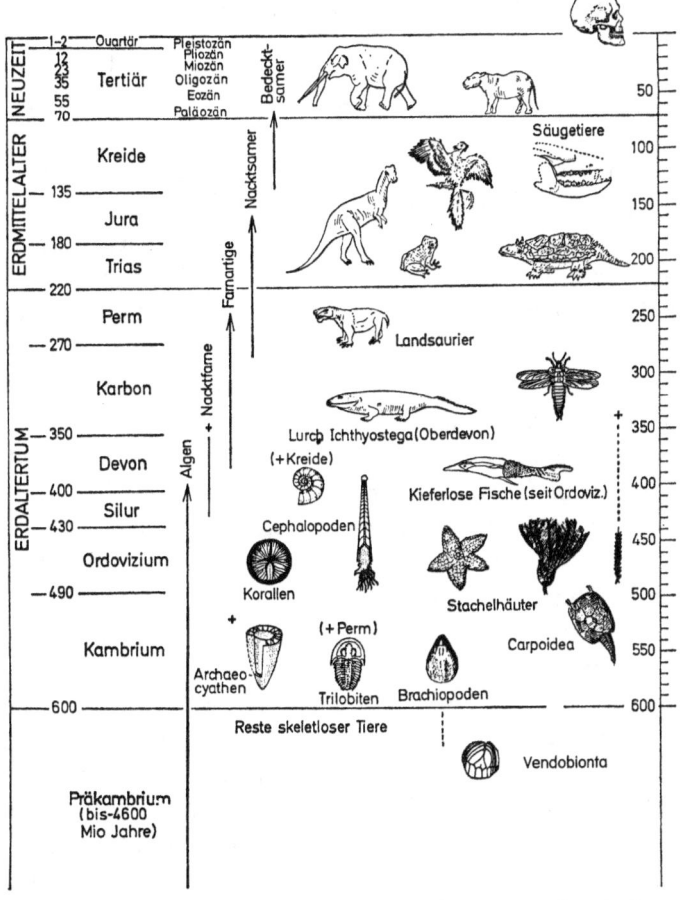

Abb. 16. Entfaltung des Tierreiches in der Zeit an fossil überlieferten Beispielen (ohne exakte Datierung). – Seit der 1. Auflage Änderung der Alterszahlen, z.B. Beginn Perm 290, Trias 245, Jura 210 Mio J. – Erste vielzellige Skelettträger nach den präkambrischen Vendobionta (S. 52) im *Kambrium*: Archaeocyathen als schon im Kambrium wieder erlöschende Schwammgruppe, Trilobiten (bis *Perm*); hornschalige Brachiopoden (bis heute); primitive Stieltiere (Pelmatozoa, Stachelhäuter). Im *Ordovizium* Korallen, Kopffüßer (Cephalopoden) mit geraden Gehäusen, weitere Stachelhäuter wie erste Seesterne und Haarsterne (Crinoiden); Graptolithen (rechts). Dann Kopffüßer mit

Schwämme und Korallen

Bei den schlüssel-, becher- und knospenförmigen Schwämmen (Abb. 17, 18) wird das nahrungsspendende Wasser mit Hilfe sogenannter Kragengeißelzellen von außen nach innen durch die Becherwand bewegt. Diese Zellen gehören der Innenschicht an, die sich kompliziert mit der äußeren verzahnen kann, und bilden als Zelltyp bereits eine Einzellergruppe, von der die Schwämme wahrscheinlich abstammen. Das übrige Zellgewebe der Schwämme wird von einem zarten Skelett aus Hornsubstanz, Kalk oder Kieselsäure gestützt. Es kann aus losen Nadeln oder auch aus einem Gitterbau von höchster Zierlichkeit bestehen, dessen Konstruktion und Formenspiel sich von Gattung zu Gattung unterscheidet (s. Abb. 18, 19).

In der Jurazeit schufen die Schwämme an bevorzugten, durch ungezählte Generationen hindurch beibehaltenen Wohnplätzen zusammen mit dem anfallenden Kalksediment, das die abgestorbenen Tiere eindeckte, und in Gesellschaft von Kalkalgen mächtige organische Riffbauten, die den Meeresgrund hügel- oder wallartig überragten (»Schwammstotzen«, heute auch engl. als »mounds« bezeichnet, Abb. 20). Da sie in dem sie umgebenden geschichteten Gestein schichtungslose, massige Partien bilden, trotzen diese der Abtragung und Verwitterung als jähe Felsen, wie sie für den Trauf und die Talwände der Schwäbischen und Fränkischen Alb so charakteristisch sind.

---

eingerollten Gehäusen (Ammoneen bis *Kreide*), Herrschaft primitiver Fische (Erstfunde schon im *Ordovizium*), Lurche seit *Oberdevon*, Fluginsekten seit *Karbon*, Landsaurier seit *Perm*, Froschlurche, Vögel, und Säugetiere seit *Jura*. - Im Erdmittelalter sind außer dem Frosch dargestellt: Schildkröte *Triassochelys*, *Camptosaurus*, Urvogel *Archaeopteryx*, jurazeitlicher Ursäuger mit dreihöckrigen Zähnen. Neuzeit: *Moeritherium* (Ahn der Rüsseltiere) – *Mastodon; Homo sapiens.*

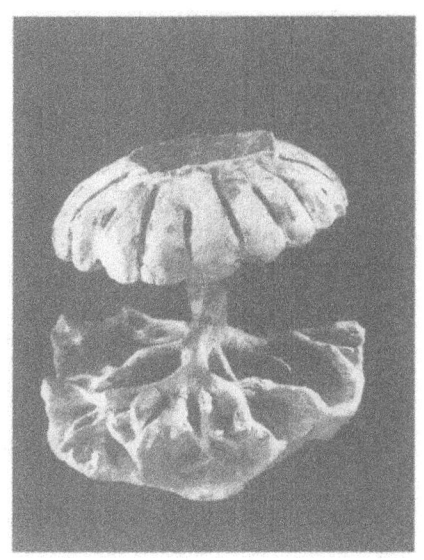

Abb. 17. Ein Kieselschwamm aus der Oberkreide des Münsterlands (Westfalen), *Coeloptychium sulciferum*, d. h. »der gefurchte Hohlfalter«. Gefalteter Schirm mit Mündung, Stiel und Wurzelgeflecht. Höhe 12 cm.

Heute gibt es weder Schwammriffe noch sonst eine besonders bedeutsame Rolle der Schwämme in den Flachmeeren. Im Gegensatz zu den Korallen sind viele Formen in das tiefere Meer, einige Kalkschwämme auch in das Süßwasser abgewandert. Bei den eigentlichen Hohltieren, zu denen die Korallen, Quallen und Hydrozoen gehören, sind Außen- und Innenschicht schärfer als bei den Schwämmen geschieden. Das Fehlen von Kragengeißelzellen weist auf Herkunft von einer anderen Einzellerwurzel hin. Die meisten Hohltiere zeichnen sich – als »Nesseltiere« – durch den Besitz von Nesselzellen aus, die dicht unter der Oberfläche liegen, bei Berührung aufplatzen und ihre Opfer mit winzigen, aber scharfen und mit großer Gewalt ausgeschleuderten Haken sowie mit dem Gift eines damit verbundenen Hohlfadens fesseln und betäuben – eine Einrichtung, die in ihrer Kompliziertheit ebenso wie etwa das Auge der Säugetiere ein

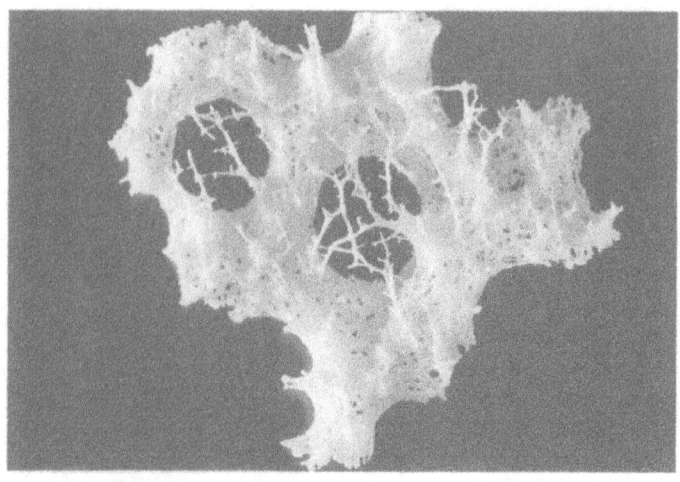

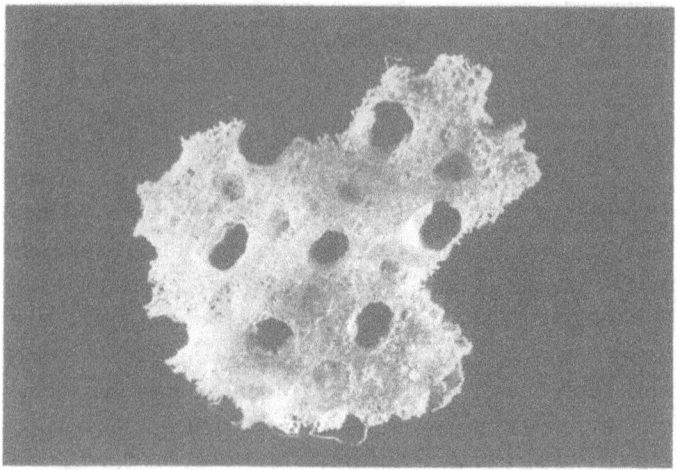

Abb. 18. Kieselskelette oberjurassischer Schwämme, aus Kalkstein freigeätzt, vergrößert.

Wunder im Werdegang zwischen Mutation und Selektion darstellt (Abb. 21).

Hohltiere können Skelette besitzen oder ihrer entbehren. Der Bauplan des Korallen-Skeletts stellt einen aus kalkiger Substanz bestehenden Kelch dar; sein Innen-

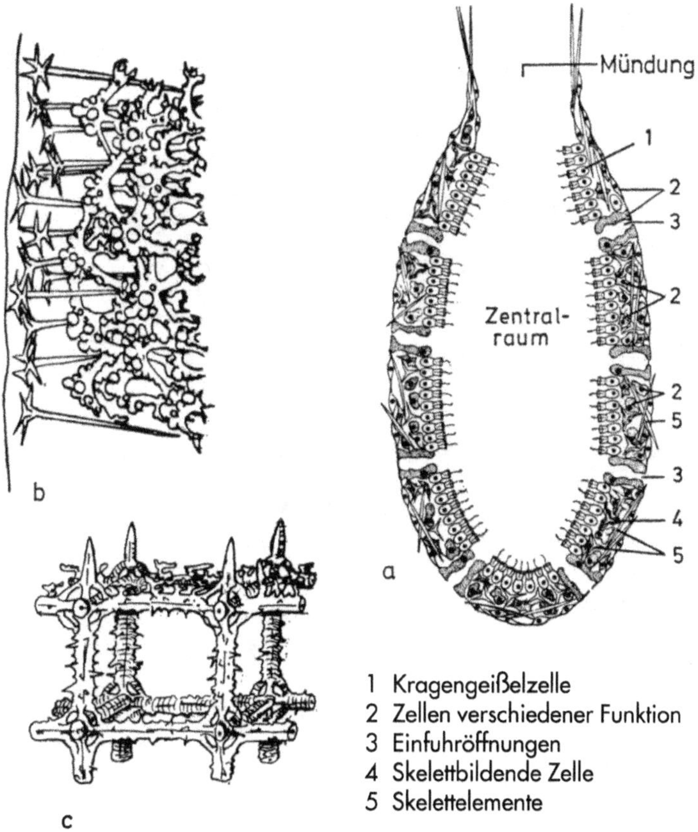
Mündung
Zentral-
raum
b
a
c
1 Kragengeißelzelle
2 Zellen verschiedener Funktion
3 Einfuhröffnungen
4 Skelettbildende Zelle
5 Skelettelemente

Abb. 19. *a* Längsschnitt durch einen einfachen Schwamm. Links: Gerüste fossiler Kieselschwämme: *b* Wurzelartiges Nadelgeflecht mit »Stecknadeln« im Randbereich; *c* regelmäßiges sechsstrahliges Gitter. Vergrößert.

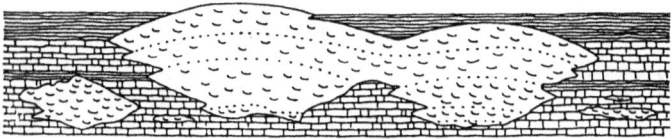

Abb. 20. Hügelartige »Schwammstotzen« aus Kieselschwämmen und Kalkalgen in der geschichteten Fazies des Weißen Juras in der Schwäbischen Alb. Stotzengröße im m- bis km-Bereich.

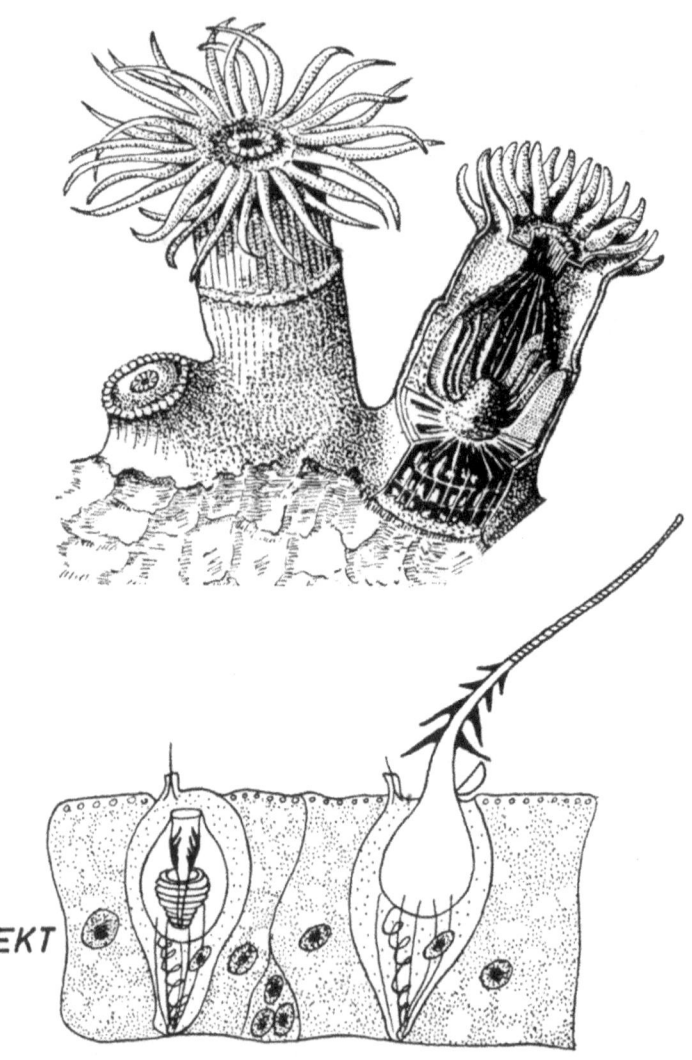

Abb. 21. Oben: Korallenpolypen, entfaltet, zurückgezogen (links) und (rechts) aufgeschnitten: Skelett mit Kalksepten (zwischen den höheren Fleischsepten), unten mit Böden. Unten: Äußere Körperwand des Süßwasserpolypen *Hydra* mit Nesselzellen.

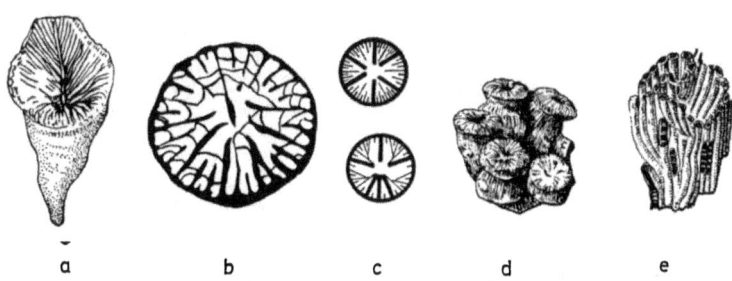

a   b   c   d   e

Abb. 22. *a* und *b* Paläozoische Korallen aus der Verwandtschaft von *Zaphrentis* und Pterophyllum; *c* Schema der Septenstellung bei paläozoischen Pterokorallen und jüngeren Zyklokorallen. Der Unterschied zwischen der bilateralen und der zyklischen Septenstellung beruht auf einer Veränderung der Art und Weise, nach der sich die später entstehenden Septen zwischen die früher entstandenen einschalten; *d* Zyklokorallenstock, Trias; *e* Bödenkoralle *Halysites*, Devon.

raum ist durch senkrechte Wände oder Septen strahlig gegliedert, die ihrerseits von fleischigen Septen ausgeschieden werden und diese stützen. Dieser Bauplan erweist sich trotz großer Mannigfaltigkeit in den Einzelzügen als recht konservativ. Allerdings zeigt die Anordnung der Septen bei den Korallen des Erdaltertums mindestens im Jugendstadium ein zweiseitig-symmetrisches (bilaterales), erst bei den späteren Korallen seit der Triaszeit durch Änderung der Einschaltungsfolge ein streng radiäres und zyklisches Bild (Abb. 22c).

Diese bilaterale Symmetrie im Kelche der paläozoischen Korallen, die in der Anordnung der Muskulatur bei den heutigen Korallen noch eine Entsprechung hat, stellt die alte Auffassung der Hohltiere als radiäre Ahnen der bilateralen Tiere in Frage. Die Korallen jedenfalls scheinen nach dem paläontologischen Befund vielmehr selbst schon von bilateralen Tieren, wahrscheinlich von einfachsten Würmern, abzustammen und die radiäre Sym-

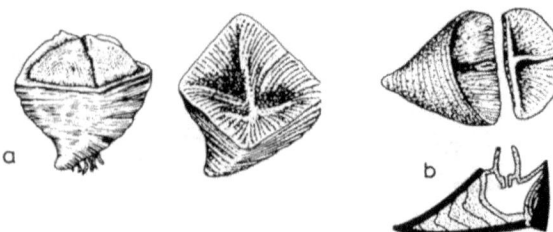

Abb. 23. Paläozoische Deckelkorallen. *a Goniophyllum pyramidale,* Silur, Gotland; *b Calceola sandalina,* Devon, Rheinisches Schiefergebirge.

metrie durch den Übergang zu sitzender Lebensweise erst erworben zu haben (s. Abb. 27).

Die äußere Form der Korallen ist sehr verschieden. Das kommt vor allem von der Neigung zum Bau von Stöcken, die durch Knospung entstehen und in stillem Wasser feinverzweigte, in bewegtem Wasser aber Gestalten mit stärkeren Ästen und in der Gewalt der Brandung kissenartige Formen bilden, deren Einzelkelche die Stockoberfläche nicht überragen. Es sind das typische Anpassungsformen, d.h. der Organismus hat sich mit der ihm gegebenen Gestalt in die dafür geeignete Umwelt eingepaßt.

Neben den Septenkorallen gibt es im Erdaltertum noch eine andere Gruppe, die *Tabulaten* oder »Bödenkorallen« (s. Abb. 22e). Die Septen sind bei ihnen, soweit sie nicht fehlen, nur als schwache Leisten oder Dornen an der Kelchinnenwand ausgebildet; ihr Hauptmerkmal bilden dagegen zahlreiche horizontale Böden, die von dem allmählich nach oben rückenden Tier im unteren Teil der Kelche ausgeschieden werden (und die übrigens auch manchen Septenkorallen nicht fehlen). Die Tabulaten – die nur in Stöcken und nicht, wie die Septenkorallen, auch in Einzelindividuen auftreten – gehören vor allem dem älteren Erdaltertum an.

Bei manchen auch noch in jüngerer Zeit auftretenden, früher zu den Tabulaten gestellten Formen erscheint die Korallen-Verwandtschaft heute fraglich. Statt dessen wird Zugehörigkeit zu den noch lebenden Sclerospongien erwogen: Schwämmen mit Aragonitskelett und Kieselnadeln. Ähnliche Unsicherheit herrscht über die als Riffbildner im Paläozoikum wichtigen, hier aber nicht behandelten Stromatoporen und über die kambrischen Archaeocyathen (»uralte Becher«), die mit meist doppelter Wandung und dazwischen eingefügten Septen sowohl an Schwämme als auch an Korallen erinnern (s. Abb. 16).

Unter den paläozoischen Septenkorallen (Pterokorallen) gibt es eine Sondergruppe, deren Vertreter sich durch die Bildung eines oder auch mehrerer Deckel auf dem Kelch auszeichnen. Am bekanntesten ist die im Mitteldevon häufige *Calceola sandalina*, »der kleine sandalenförmige Schuh«, dessen häufiges Vorkommen im Rheinischen Schiefergebirge die Finder früher vielleicht manchmal in dem Glauben an die Existenz von Heinzelmännchen bestärkt haben mag.

Der Deckel von *Calceola* fungiert als Schwenkdeckel an einem geraden Scharnier, das zugleich den Oberrand der flachen Kelchrückseite bildet (Abb. 23). Es ist kein Zweifel, daß die Koralle mit dieser flachen Rückseite auf dem Meeresboden lag, und man nahm lange an, daß die Abflachung nur Folge der liegenden Lebensweise sei. Zu dieser Auffassung passen aber nicht die vier flachen, in rechtem Winkel aneinanderstoßenden Wandseiten einer mit vier Deckeln ausgestatteten älteren Koralle *Goniophyllum* (griech. = Winkel), die wurzelartige Fortsätze zur Verankerung in senkrechter Stellung besitzt. Die flache Wandgestalt kann deshalb nicht Folge des Liegens, sondern muß als Folge der Erwerbung eines oder mehrerer Deckel zu verstehen sein, deren Scharnier eines geraden, nicht gekrümmten Kelchoberrands bedurfte (Richter 1929). Der durch Mutieren zugefallene, neu gebildete Deckel zog also seinerseits im Verlauf der Auslese das gerade Scharnier und damit die flache Form der Wand nach sich, der dann bei *Calceola* erst sekundär die liegende Lebensweise folgt. Denn diese der verankernden Wurzel entbehrende Gattung vermochte sich mit so flacher, breiter Rückseite auch in nur wenig bewegtem Wasser nicht aufrecht zu halten. Die Funktion der liegenden Lebensweise war nun Folge der Form, nicht umgekehrt. Goethe hat eine solche Beziehung, der er im Gegensatz zu den oft einseitigen Theorien der Wissenschaft von beiden Seiten her gerecht zu werden versuchte, in seinem Gedicht »Die Metamorphose der Tiere« (1805) in die Worte gefaßt:

> »Also bestimmt die Gestalt die Lebensweise des Tieres;
> Und die Weise zu leben, sie wirkt auf alle Gestalten mächtig zurück.«

Stellen wir uns die Frage, wie solche gedeckelten Korallen entstanden, so müssen wir an eine Mutation des Erbguts denken, die zur beginnenden Bildung einer zusätzlichen Kalkschuppe in Form eines Deckels und damit zu einer Sonderentwicklung innerhalb der Korallen führte. Nun fällt freilich auf, daß wir zwischen den gewöhnlichen und den gedeckelten Korallen keine Übergangsformen kennen, die wohl ein zunächst nur kleines (zweckloses?) Kalkblatt mit einer Bullaugenführung am noch runden Kelchrand gehabt haben müssen. Die Deckelkorallen mit ihren geraden Scharnieren sind vielmehr plötzlich da, und Gegner der Abstammungslehre meinen, diese Lehre mit Hilfe solcher Befunde überhaupt aus den Angeln heben zu können. Es handelt sich aber wahrscheinlich nur um ein scheinbares »Abreißen nach unten«, das mit der vermutlich kleinen Zahl der Zwischenformen zusammenhängt. Der Anstoß zu der neuen Bildung ging ja zunächst von der Mutation eines Individuums aus und hat sich dann vererbt. Eine Bewährung der Neuerfindung war wohl erst nach einer größeren Zahl von Generationen möglich, in denen sich das Scharniergelenk durch weitere von der Auslese bevorzugte Mutationen mehr und mehr begradigte. Wir können uns das wie bei der Entwicklung eines neuen Modells in der Technik vorstellen, das zunächst aus der Idee seines Erfinders entspringt, in einem Exemplar hergestellt und dann in wenigen Exemplaren allmählich weiterentwickelt wird, ehe es eine gewisse Vollkommenheit erlangt hat und nun in Massenproduktion auf den Markt kommt. Wenn Geschöpfe späterer Äonen die Schutthalden unseres technischen Zeitalters auf »Leitfossilien« absuchen, so werden auch sie fast nur die plötzlich einsetzende Massenware, nicht aber die ihr vorangehenden, der Erprobung dienenden Modelle finden.

Wenn wir nach dem Vorteil des Deckels im Daseinskampf fragen, so lag er wohl in dem Schutz gegen eindringende Wassertrübe, eine freilich gerade bei liegender Lebensweise noch erhöhte Gefahr. Der die *Calceola*-Sonderentwicklung auslösende Mutationsvorgang führt also sowohl zu Gleichgewichtsstabilisierung (Schutz vor schlammiger Trübe) als auch -störung (Verlust der aufrechten Stellung, erhöhte Trübegefahr). Es entspricht das der Regel, daß jeder Vorteil durch Nachteile erkauft zu werden pflegt, ehe sich auf dem Wege der Selektion ein neuer, bestmöglicher Ausgleich einstellt.

Die Gattung *Calceola* hatte, wie das für Sonderformen oft zutrifft, eine verhältnismäßig kurze Lebenszeit und ist dadurch eine ausgezeichnete Leitversteinerung: wo immer auf der Erde man sie findet, weiß man, daß die betreffenden Schichten der Zeit des Mitteldevons angehören. Die Formationen und ihre Glieder mit solchen

Leitfossilien zu datieren, war die große und bis heute noch nicht abgeschlossene erste Aufgabe der Paläontologie. Im Mitteldevon der Eifel haben die Deckelkorallen nach neuen Untersuchungen ihren ganz bestimmten Lebensraum (Biotop). Sie finden sich zusammen mit doppelklappigen Armkiemern zwischen dem tonigeren, cephalopodenführenden Kalkstein des etwas tieferen Ablagerungsraumes und der in flachstem Wasser beheimateten Riff-Fazies. Mit Hilfe solcher Lebensräume in gleichaltrigen Gesteinsschichten können wir die Tiefenlinien des Devonmeeres ausloten und seine Küsten und Inseln erkennen.

Die Fähigkeit zum Bau von Riffen haben die Septenkorallen nach anfänglichem Vorherrschen von Einzelformen und einzelnen Stöcken besonders von der Devonzeit ab gewonnen. In den auch heute noch in höchster Blüte stehenden Korallenriffen sucht das Leben gleichsam die Zone höchster Gefahr auf und stellt sich die Aufgabe, die zerstörende Gewalt der Umwelt zu meistern. Darwin schildert den Lebensraum der Riffkorallen in seiner »Reise eines Naturforschers um die Welt« (1845) mit folgenden Worten:

> »Als wir am oberen Ende der Lagune angekommen waren, überschritten wir eine schmale Insel und fanden eine große Brandung, die sich an der Küste vor dem Winde brach. Ich kann kaum die Ursache angeben, aber für mich liegt in diesen äußeren Küsten der Lagunen-Inseln etwas ungemein Großartiges. Es liegt eine große Einfachheit in dem barrenartigen Strande, der Einfassung mit grünem Buschwerk und hohen Kokos-Palmen, der festen Ebene von abgestorbenem Korallen-Gestein, welches hier und da mit großen losen Fragmenten überstreut ist, und der Linie wütender, sich brechender Wellen, welche nach beiden Seiten hin fortrollen. Der seine Wässer über das breite Riff schüttende Ozean scheint ein unbesiegbarer, unendlich mächtiger Feind zu sein. Und doch bleiben

diese niedrigen, unbedeutenden Korallen-Inselchen siegreich bestehen. Die organischen Kräfte scheiden die Atome von kohlensaurem Kalk aus den schäumenden Wellen und verbinden sie zu einem symmetrischen Gebilde. Mag der Orkan Tausende ungeheurer Bruchstücke losreißen; was hat das zu bedeuten gegenüber der sich häufenden Arbeit von Myriaden kleiner Architekten, welche Tag und Nacht, jahraus jahrein bei der Arbeit sind? Wir sehen hiernach, wie der weiche gallertartige Körper eines Polypen durch die Wirksamkeit der Gesetze des Lebens die große mechanische Kraft der Wellen eines Ozeans besiegt, denen weder menschliche Kunst noch die unbelebten Werke der Natur genügend widerstehen können.«

Die Stockkorallen haben sich also, indem sie das Brandungswasser bevorzugen, in einen besonders gefährlichen Lebensbereich »eingenischt«, weil sie ihm in besonderer Weise gewachsen sind. Ihre Bauten gewähren zugleich Schutz für viele andere Tiere: Krebse (von denen manche die Skelette der abgestorbenen Korallen zerknacken), Seeigel (von denen der vielarmige, stachelige *Acanthaster planci* neuerdings zur Hauptgefahr für die Korallen wurde), dickschalige Muscheln, Schnecken und Würmer; Kalkalgen nehmen am Bau der Riffe aktiv und zum Teil in großem Ausmaße teil.

Für die Überlieferung ganzer Korallenriffe im Gesteinsverband sind die Bedingungen in der Regel nicht günstig. Ihr Material liegt meistens in aufgearbeitetem, zu Schichten angehäuftem Schutt vor. Wo aber der Meeresboden in der Vorzeit absank, besonders in jenen Senkungsschüsseln, aus denen spätere Faltengebirge hervorzugehen pflegen, konnten die Riffe durch Eindeckung mit jüngerem Sediment erhalten bleiben und wittern heute als mächtige Felsmassive heraus, wie in den Südtiroler Dolomiten, die z. T. aus Korallen und Kalkalgen bestehen. Die Struktur der aufbauenden Organismen kann durch die Jahrmillionen erhalten, in vielen Fällen aber auch zerstört sein.

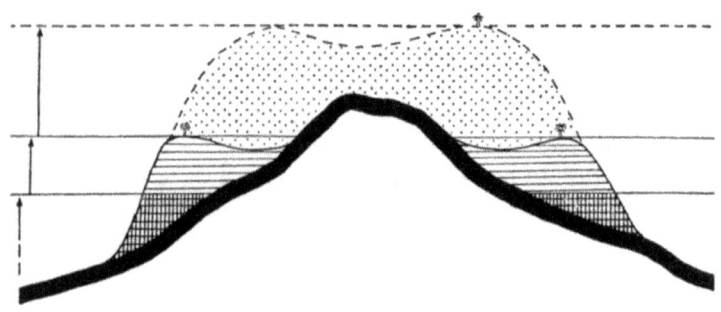

Abb. 24. Entstehung eines Atolls über einer von Korallenriffen umgebenen sinkenden Insel.

Solche Senkung des Meeresbodens spielt auch in jünster Zeit eine überraschend große Rolle. Wir erkennen das daran, daß heutige Korallenriffe Hunderte, ja tausend Meter mächtig sein können, während Riffkorallen nur bis in 50 oder allenfalls 80 Meter Wassertiefe lebensfähig sind. Denn sie bedürfen, da sie auf Symbiose mit pflanzlichen Mikroorganismen angewiesen sind, immer des Lichtes.

Das Leben im bewegten Brandungsbereich bedingt, daß ein Korallenriff in der Regel als flaches, küstensäumendes Band tropischer Gestade (Saumriff) auftritt. Senkt sich das betreffende Land oder Inselland, so wachsen die Korallen über den älteren, abgestorbenen Partien nach oben; es entsteht also ein immer höheres, mächtigeres Wallriff. Umgibt das Riff eine sinkende Insel, so kann es über deren unter den Meeresspiegel tauchenden Kern emporwachsen und ein ringförmiges Atoll bilden. Darwin hat diese Entwicklungsreihe in seinem Werk über Korallenriffe klassisch dargestellt (Abb. 24).

Die absolute oder relative Senkung von Meeresböden in jüngster Zeit hat verschiedene Ursachen. Einerseits ist der noch heute nicht abgeschlossene Spiegelanstieg durch das Schmelzen des Eises seit der letzten eiszeitlichen Kaltphase mit im Spiel. Andererseits gibt es auch absolute Senkungen des Meeresbodens, die mehr regionalen oder örtlichen Charakter haben und tektonisch oder auch vulkanisch verursacht sein können. Früher nahm man im Rahmen von der Theorie der fortschreiten den Kontraktion der Erde an, daß die Ozeanböden gleichsam die in voranschreitendem Absinken begriffenen Gebiete, die Inseln und Kontinente dagegen die zurückgebliebenen Bereiche seien. Inzwischen wurde diese Theorie aufgegeben. Man hat vielmehr erkannt, daß erdinnere Radioaktivität aufsteigende Wärmeströme erzeugt. Auch wenn das nicht zu der von den Physikern Dirak und Jordan (Jordan 1966) vermuteten Expansion der Gesamterde führt, so doch zu regionalen Hebungen, Horizontalverschiebungen und zu Wiederabsenkung in Abkühlungsbereichen, – zu Vorgängen plattentektonischer Art also, die im Pazifischen Ozean einst korallengesäumte Inselberge über weite Strecken abwandern und als »Guyots« tief unter den Meeresspiegel absinken ließen (Hsü 1982). Mit der Frage der Einwanderung einstiger Flachmeerbewohner in die Tiefsee – manche ozeanischen Becken wie der Atlantik sind nicht älter als 200 Mio Jahre – verbinden sich noch viele offene Probleme.

Entfaltung der höheren Wirbellosen

Der nächste Schritt in der Höherentwicklung des tierischen Bauplans bestand darin, daß sich zwischen die Außen- und Innenschicht eine dritte, mittlere Gewebeschicht, das Mesoderm, einschaltete. Ob dieser Schritt unmittelbar von den Hohltieren aus erfolgte oder aber von sehr einfach gebauten Würmern – wobei die Hohltiere ein durch sessile Lebensweise schon wieder etwas ver-

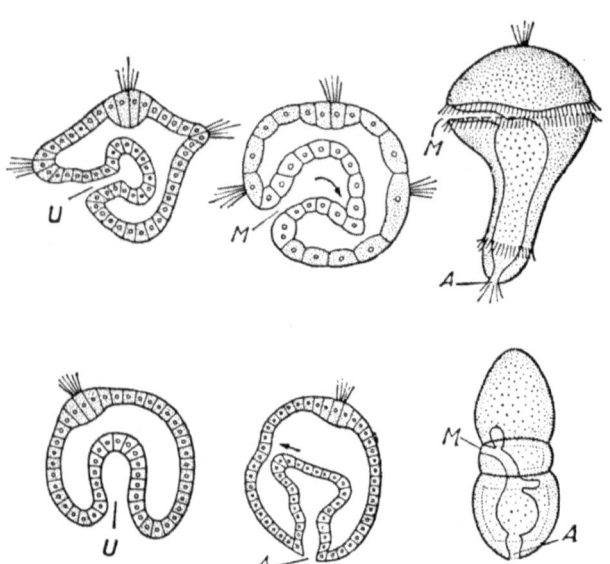

Abb. 25. Frühjugendliche Darmbildung bei Urmündern (oben Larve eines Gliederwurms) und Neumündern (unten Seeigellarve). A After, M Mund, U Urmund.

einfachter Seitenast sein könnten (S. 73, das wird vorläufig noch verschieden beantwortet. Da sich im Mesoderm häufig innere, sekundäre Körperhöhlen bilden, war damit die Stufe der Leibeshöhlentiere (Coelomata) erreicht. Diese besitzen statt der einen Körperöffnung der Hohltiere, dem »Urmund«, Mund und After. Bleibt der Mund während der frühjugendlichen (larvalen) Entwicklung des Individuums an der Stelle jenes Urmundes und bricht der After als zweite Öffnung durch, so spricht man von »Urmündern«; wird dagegen der Urmund zum After und bricht der Mund als neue Einfuhröffnung durch die Körperwand, so spricht man von »Neumündern« (Abb. 25).

Man hat die höhere Tierwelt auf Grund dieses Unterschieds, der freilich in Wirklichkeit ein wesentlich komplizierteres Gesicht aufweist, stammesgeschichtlich und systematisch in zwei große Äste bzw. Gruppen (Urmünder = Protostomier und Neumünder = Deuterostomier) geteilt (Abb. 5). Neuerdings führt die Berücksichtigung anderer Merkmale daneben auch zu etwas anderen Deutungen des stammesgeschichtlichen Geschehens und der systematischen Gliederung, auf die wir aber hier nicht eingehen wollen. Wir begnügen uns mit den Abbildungen 26 und 27, die zwei mögliche Wege der Stammesgeschichte darstellen.

Den Urmündern gehören die *Weichtiere* an, die, soweit sie beschalt waren, als Schnecken, Muscheln und Kopffüßler die Mehrheit aller Versteinerungen stellen; außerdem die Gliedertiere, die mit den Insekten rund drei Viertel aller heutigen Tierarten ausmachen; den Neumündern die Stachelhäuter und die Chordatiere, die in den Säugetieren und dem Menschen die höchste Entwicklungsstufe des organischen Lebens erreichen.

Der Weg aus dem Wasser an Land – eine Domäne fast allein der Paläontologie –, der immer »Wagnis« und Ausnahme blieb, wurde bei den Urmündern von manchen Würmern, Schnecken und Gliedertieren beschritten. Bei den Neumündern gelang er nur den Fischen im Bereich der Chordatiere (S. 134). Auf beiden Seiten kam es später in nicht wenigen Fällen zur Rückanpassung an das Wasserleben. Auf beiden Seiten gelang auch der Vorstoß in die Luft: den Insekten weit früher als den Flugsauriern, Vögeln und Fledermäusen. Bei Vögeln und Insekten traten wiederholt Verlust des Flugvermögens, ja Rückkehr zu einem mehr oder weniger wasser- und meergebundenen Leben ein (Abb. 5).

Der Schritt der Schnecken aus der meerischen Heimat an Land ist, wie sich aus den Lebensgewohnheiten heutiger küstenbewohnender Vertreter entnehmen läßt, teils unmittelbar, teils aber auch über die Zwischenstation des Süßwassers erfolgt, das seinerseits auch von Rück-

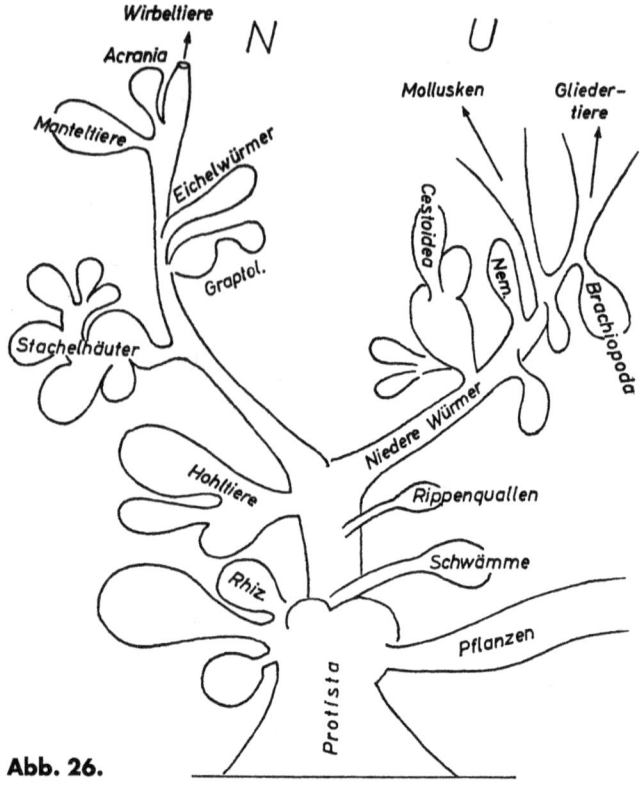

Abb. 26.

Abb. 26 und **27** Zwei verschiedene Stammbaumvorstellungen. In **Abb. 26** gabeln sich die in Urmünder *(U)* und Neumünder *(N)* geteilten Leibeshöhlentiere (Coelomata) im Anschluß an die Entstehung der Hohltiere (Coelenterata). In **Abb. 27** werden die Hohltiere als regressive, von bilateral-beweglichen Würmern zu sitzender Lebensweise zurückgekehrte Gruppe und erst die Mollusken als die Stammgruppe der fortgeschrittenen Leibeshöhlentiere aufgefaßt. Die Ableitung der Hohltiere in Abb. 27 stimmt mit der Bilateralität im Skelettbau der Korallen des Erdaltertums überein; zur vermuteten Herkunft der Gliedertiere von den Mollusken ist dagegen zu bedenken, daß sich zu Beginn des Kambriums schon hochorganisierte Gliedertiere (Trilobiten), aber noch fast keine Mollusken zeigen! Abkürzungen: Acrania = Urchordata ohne Kopf (Lanzettfischchen); Nem = Nematoden; Rhiz = Rhizopoden, einzellige Wurzelfüßer (Foraminiferen und Radiolarien).

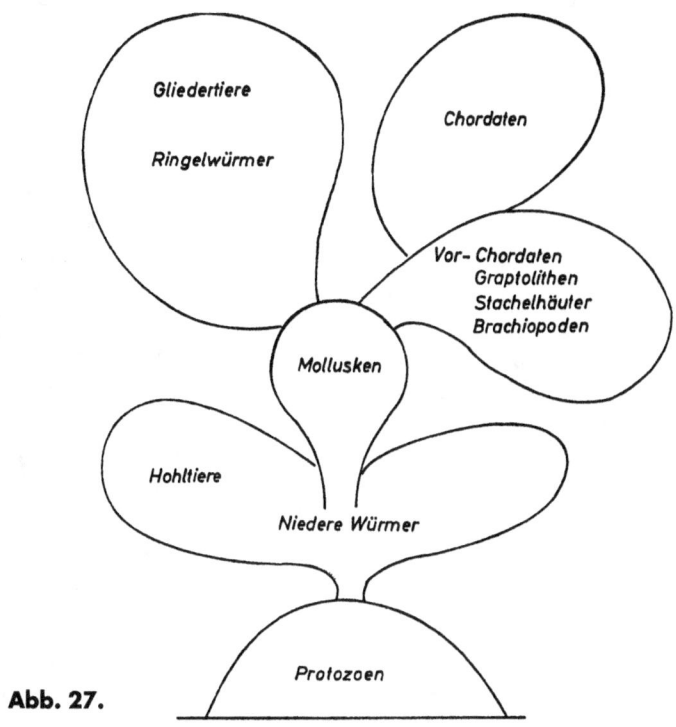

Abb. 27.

kehrern ins Wasser besiedelt werden konnte. Die Muscheln sind bis ins Süßwasser, aber nie an Land vorgedrungen. Die Kopffüßler blieben stets an den unverminderten Salzgehalt des Meeres gebunden.

Mollusken

Muscheln und Schnecken

Die Hauptentfaltung der seit dem Kambrium bekannten Muscheln und Schnecken setzte erst während des Erdmittelalters ein und führte in der Neuzeit zu einer

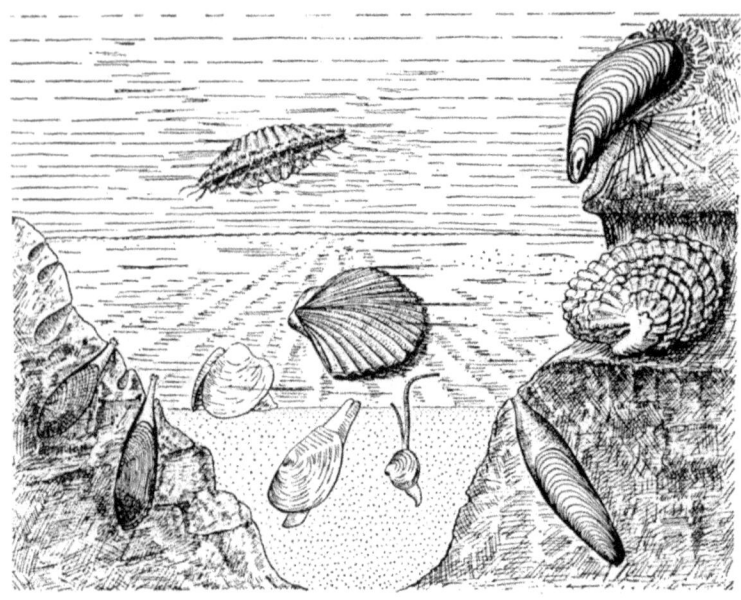

Abb. 28. Muscheln verschiedener Lebensweise: in der Mitte auf (im) Boden wohnende Muscheln, darüber schwimmende Kammuschel *(Pecten)*, links im Fels mechanisch mit feilenartig rauher Schale, rechts chemisch arbeitende Bohrmuscheln, darüber aufgewachsene Auster und mit Byssusfäden angeheftete Miesmuschel.

überwältigenden Fülle der Formen, Farben und Skulpturen sowie zu sehr verschiedenartiger Lebensweise. Unter den Muscheln (Abb. 28) gibt es solche mit dünnen Schalen, die in ruhigen Tiefen leben, und dickschalige, die dem Wellenschlag und der Brandung des flachen Wassers standzuhalten vermögen. Viele bewegen sich kriechend über den Meeresboden, die Kammuscheln können durch Auf- und Zuklappen ihrer Schale gar schwimmend entfliehen, viele sind mit den hornigen Fäden des Byssus am oder im Grunde verankert. Andere graben sich mehr oder weniger tief in den Schlamm ein, so die Klaffmuscheln, deren hinten klaffende Schalen den Durchtritt der kaminartig zur Schlammoberfläche reichenden Siphonen gestatten; oder die in Wattenschlick sich einwühlende Herzmuschel, deren Schale bei Stürmen ausgespült wird und der dabei notwendigen Widerstandsfähigkeit durch größere Schalendicke genügt. Wieder andere vermögen sich durch Drehbewegungen ihrer raspelartig rauhen Schale oder aber mit Hilfe von Säuren in Holz oder Stein einzubohren, und nicht wenige, wie Austern, wachsen mit einer ihrer Klappen auf der Unterlage fest. Einbohren und Festwachsen erlauben es, auch die bewegtesten Wasserbereiche mit ihrem besonderen Sauerstoff- und Nahrungsgehalt ungefährdet zu besiedeln. In manchen Fällen erbauen aufeinanderwachsende Muscheln ganze Austernbänke oder kleine Muschelriffe. »Rasenriffe« (Biostrome) bildeten in den warmen Meeresgebieten der Kreidezeit die Rudisten, eine heute ausgestorbene Muschelgruppe, deren rechte Klappen ähnlich Korallenkelchen in die Höhe wuchsen, während die linke Klappe zu einem sie abschließenden Deckel wurde. Äußerlich entstand dadurch eine ähnliche (konvergente) Gestalt wie bei manchen Korallen, Deckelkorallen (s. Abb. 23) und einigen Brachiopoden. Auch bei Schnecken gibt es neben schlammbewohnenden, kriechenden und schwimmenden manche mit dem Gehäuse festgewachsenen Formen.

Brachiopoden

Häufiger noch als Muscheln begegnen wir im fossilen Fundgut anderen zweiklappigen Schaltieren, die leicht mit jenen verwechselt werden, den *Brachiopoden* oder »Armfüßern«. Am bekanntesten sind die bis heute lebenden Rhynchonellen und Terebrateln (Abb. 29), die uns aber, da sie in meist tieferem Wasser leben, im Strandgut nur selten zu Gesicht kommen. Ihre Hauptentwick-

Abb. 29. *Links* Terebratula; *Rechts* Rhynchonella (im weiteren Sinn).

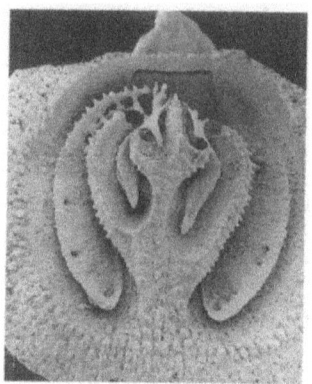 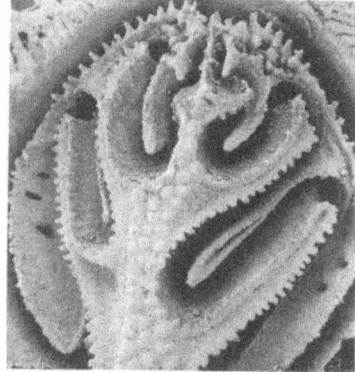

Abb. 30. Brachiopoden-Armgerüst (Sonderform), *Thecidea papillata*, Oberkreide, Maastricht. Links in 12facher, rechts in 14facher Vergrößerung.

lung liegt – mit im Kambrium meist hornigen, später meist kalkigen Schalen – in den Meeren des Erdaltertums und endet mit dem Faunenbruch am Ende der Permzeit. Ihre Gehäuse unterscheiden sich von den meisten Muscheln dadurch, daß die Symmetrieebene nicht zwischen den Klappen liegt, sondern der Mittellinie jeder der beiden Klappen entspricht, die den schalenbildenden Mantel nicht rechts und links, sondern oben und unten bedecken. In der inneren Organisation finden sich zwei fleischige »Arme«, die dicht mit Tentakeln (»Füßen«) zum Einstrudeln des nährenden Planktons besetzt sind. Diese auf Verwandtschaft mit den Strudelwürmern weisenden Organe werden bei vielen Brachiopoden von einem in der kleineren Oberklappe befestigten »Armgerüst« getragen, das die Form zweier kurzer Stützen (Rhynchonellen), einer einfachen oder doppelten Schleife (Terebrateln u. a.), einer doppelten Spirale (Spiriferen) oder einer Sonderform (Thecideen, Abb. 30) haben kann.

Die meisten Brachiopoden leben mit einem muskulösen Stiel am Meeresboden festgeheftet, einige auch mit einer Klappe aufgewachsen. Die Terebrateln (terebratus lat. = durchbohrt) haben unter dem Wirbel der größeren (unteren) Klappe ein großes rundes Stielloch und eine von feinen Poren für den Gasaustausch durchsetzte Schale.

Eine den Brachiopoden verwandte Ordnung sind die *Bryozoen* (»Moostierchen«), die zierliche, oft auf Muschelschalen, Korallenskeletten oder Schwamm-Mumien festgewachsene verästelte oder teppichförmig geschlossene Kolonien aus vielen, die winzigen Einzeltiere beherbergenden kalkigen Behältern (Theken) bilden und sich auch auf rezentem Muschelschill massenhaft finden. Auch bei ihnen lassen sich viele Ordnungen, Familien und Hunderte von Gattungen unterscheiden.

Cephalopoden

Zu den *Cephalopoden,* d. h. »Kopffüßern« nach dem mit Fangarmen, die freilich keine Füße sind, versehenen Kopf, gehören heute die mit Innenskelett ausgestatteten Tintenfische mit zehn und die fast skelettlosen Kraken mit acht Fangarmen. In der Vergangenheit überwogen dagegen Formen mit Außenschale, deren Blütezeit dem Erdaltertum und Erdmittelalter angehört. Da sie ein besonders anschauliches und viel erforschtes Beispiel der

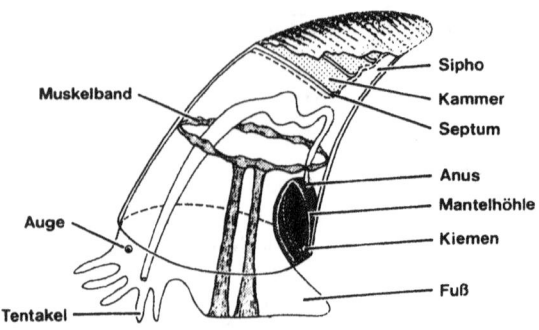

Abb. 31. Urcephalopode.

Evolution im Bereich der wirbellosen Tiere bieten, müssen wir ihnen etwas größere Aufmerksamkeit widmen.

Sie sind seit dem Ordovizium bekannt. Ihre Wurzel dürfte bei den Monoplacophoren, einer urtümlichen Molluskenklasse mit mützenförmiger Schale, zu suchen sein (rezenter Vertreter *Neopilina*). Ihre Grundform war ein vermutlich schneckenartig den Meeresboden bewohnendes Weichtier, das ein kegelförmiges Gehäuse auf dem Rücken trug, in dessen unterem (vorderen) Teil, der Wohnkammer, es sich bergen konnte (Abb. 31). Der gekammerte Anfangsteil des Gehäuses, in den mit dem Wachstum immer neue Scheidewände (Septen) eingebaut wurden, diente durch Gasfüllung der Kammern über einen Sipho zunächst wohl als ein das Kriechen erleichternder hydrostatischer Apparat, ehe es im Laufe der weiteren Evolution zu im Wasser senkrecht beweglichen Formen kam. Einfache, gerade gebaute Gehäuse dieses schwebend-schwimmenden Typs haben sich als *Orthoceraten* bis in die Triaszeit, also durch rund 250 Millionen Jahre, erhalten (Abb. 32).

Schon mit dem Erscheinen der Orthoceraten kam es jedoch zu mannigfaltigen Abwandlungen der Grundform: sei es, daß der Sipho seine Lage verändert, sei es,

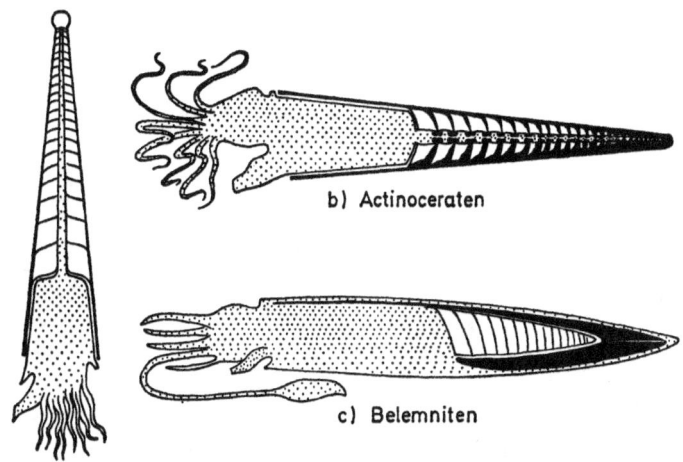

Abb. 32. Cephalopodentypen mit geraden Gehäusen im Längsschnitt, mit Andeutung des Weichkörpers in Lebenslage. Schwarz: Kalkige Ein- bzw. Anlagerungen. Neben bzw. unter den Tentakeln (Fangarmen) der Trichter.

daß in Kammern und Sipho Einlagerungen von Kalk erfolgen, oder daß sich das gerade Gehäuse einzurollen beginnt. Kalkeinlagerung bedeutet Beschwerung und Übergang zu waagrechter Stellung im Wasser; aus unten wird vorn. Einkrümmung bedeutet Verkürzung. Beide Maßnahmen bringen also größere »Handlichkeit« und Beweglichkeit der Schale mit sich. Doch konnten manche gerade gebliebenen Gehäuse, zumal die Sondergruppe der Endoceraten, mehrere Meter lang werden. Die Mehrzahl dieser so verschiedenartig gebauten Typen erlischt aber schon im Paläozoikum wieder (s. Abb. 34). Schon seit dem Ordovizium kommt daneben auch die geschlossene, in einer Ebene aufgerollte Gehäusespirale vor. Die Septen können sich, u. a. zum Zwecke größerer Versteifung, gegen den Rand hin wellblechartig falten, so daß ihre Nahtlinie (Sutur) an der Gehäuseinnenwand Wellen

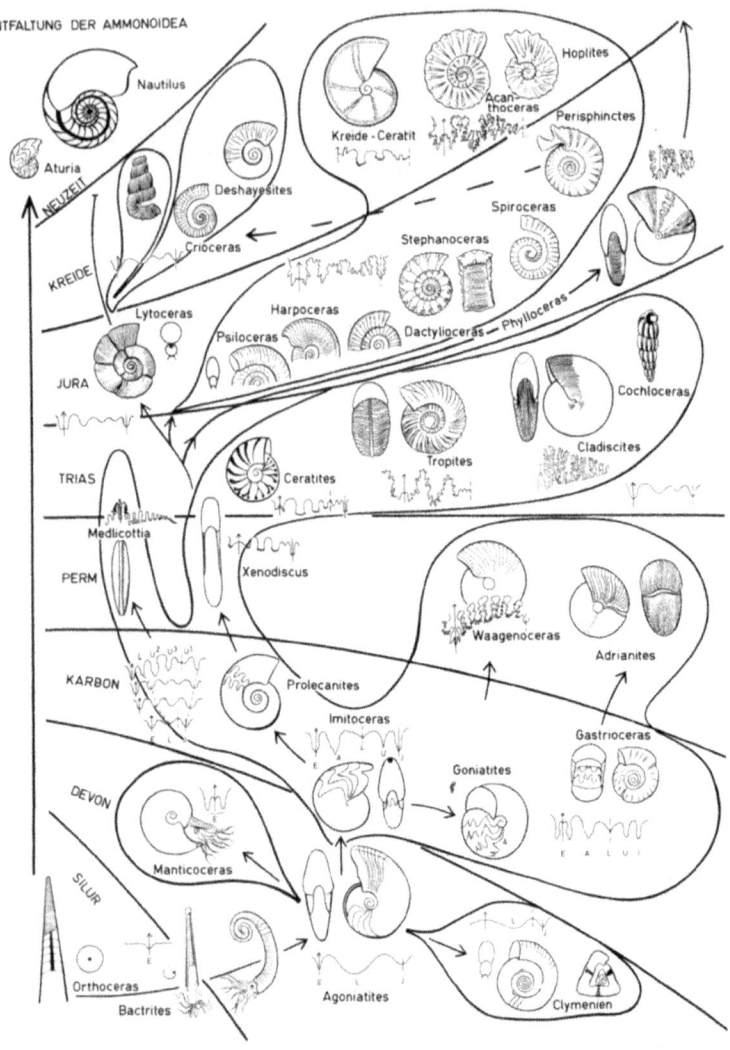

Abb. 33. Die Ammoneen gingen aus frühen Verwandten von *Nautilus* mit geradem Gehäuse unter Einrollung und Komplikation der Kammer-Nahtlinie (Sutur) hervor. Ihre Entfaltung vollzog sich vom Devon bis in die Kreide in Entwicklungsschüben, die durch Krisen (Engpässe) getrennt sind. Die frühjugendliche Sutur (Primärsutur) zeigt im ganzen Erdaltertum nur drei

oder einfache Zacken beschreibt. Von zahlreichen solchen Gattungen mit geschlossener Spirale hat nur *Nautilus* die Gegenwart erreicht; es ist die einzige heutige Kopffüßergattung mit Außenschale und eines der bekanntesten »lebenden Fossilien«. Ob sie »die letzte« bleibt oder mit ihren wenigen Arten, wie auch angenommen wird, die Potenz einer neuen Entfaltung in sich trägt, mag dahingestellt sein.

Kurz vor Beginn der Devonzeit nahm von den Orthoceraten aus die Entfaltung der Ammoneen (Ammoniten i.w.S., Abb. 33) ihren Ausgang. Sie verlagern ihren Sipho auf die (ventrale) Seite der Gehäuseröhre, und auch sie rollen sich über hornartig gekrümmte Zwischenformen bis zur geschlossenen Spirale ein. Sie zeigen aber gegenüber allen Nautiloideen einige Besonderheiten: so im Bau der ersten winzigen Anfangskammer und in der Art der Wellung der Septen und des Verlaufs ihrer Nahtlinie, die zudem eine ungleich größere Komplikation der Linienführung als bei den Nautiloideen erreicht.

Loben (stets über nur eine Flanke von der äußeren zur inneren Medianlinie gezählt), nämlich Externlobus E, Laterallobus L und Innenlobus I. *Agoniatites* behält die Dreizahl lebenslang bei, bei den anderen Ammoniten des Erdaltertums vermehrt sie sich im Laufe des Lebens. Triassische Ammoniten zeigen vierlobige (Bildmitte rechts außen), Jura/Kreide-Ammoniten fünflobige Primärsutur, die aber bei den Heteromorphen auf wiederum nur vier zurückschlägt, und zwar auch bei deren erneut eingerollten Vertretern *(Deshayesites)*. Bei den »Kreide-Ceratiten« kehrt die Erwachsenen-Sutur zur Linienführung der triassischen Ceratiten zurück. Lytoceraten und Phylloceraten sind zwei wenig abwandelnde Linien in Jura und Kreide; die Ableitung der Heteromorphen von den Lytoceraten ist problematisch, von oberjurassischen Perisphincten wahrscheinlicher (gestrichelter Pfeil). Stammesgeschichtliche Lobenvermehrung auch Abb. 35.

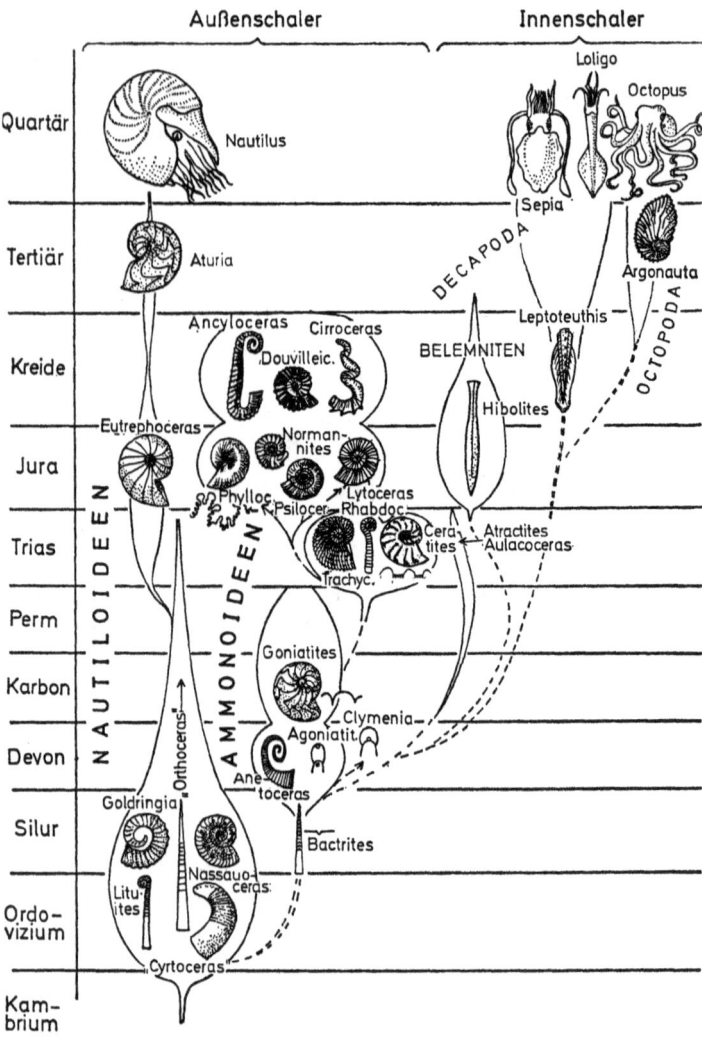

Abb. 34. Stammesgeschichtliche Skizze der Cephalopoden. Zeitskala nicht maßstabgerecht, das Quartär (Pleistozän) umfaßt im Vergleich mit den anderen Perioden nur eine sehr kurze Zeit. Suturen (Nahtlinien) sind bei *Eutrephoceras, Aturia, Bacrites* (ein Lobus!), *Goniatites, Ceratites* und *Phylloceras* eingetragen. Mit *Psiloceras* beginnt die Neuentfaltung der jüngeren Ammoniten. Über Innenschaler s. S. 105 ff.

Die Mehrzahl der Alt-Ammoneen (Devon, Karbon) hat glattes Gehäuse und bescheidene Größe; doch treten auch schon allerlei Skulpturen (Rippen, Knoten) auf. Die Entfaltung vollzieht sich bald nach der Ablösung von den Orthoceraten in einer Anzahl von Entwicklungsreihen, von denen manche wieder erlöschen. Die Sutur verläuft in einfachen Bögen und Winkeln (daher der Name Goniatiten von griech. = Winkel). Im Oberdevon bilden die Clymenien durch Verlagerung des Siphos auf die Innenseite der spiraligen Gehäuseröhre eine von den Goniatiten abweichende Sondergruppe, die aber am Ende der Devonzeit wieder ausstirbt (s. Abb. 33 unten). Ob ihr Ursprung erst in devonischem Ammoneen (Schindewolf 1972) oder unabhängig von diesen bereits in noch geradhäusigen Nautileen liegt (Hengsbach 1990), ist noch offen. Von der Permzeit ab beginnen die rückwärts gerichteten Bögen (Loben) der Sutur eine Zähnelung zu zeigen, die in der Folgezeit zu Zackung, ja feinster Ziselierung und moosartiger Verzweigung der ganzen Linie führt, wie sie schon für manche Trias-Ammoneen, vor allem aber – obgleich wieder etwas abgeschwächt – für die jüngeren eigentlichen Ammoniten der Jura- und Kreidezeit charakteristisch sind. Trotzdem haben wir keine ungebrochene Entwicklung vor uns. Besonders gegen Ende der Triaszeit kommt es zum Erlöschen zahlreicher spezialisierter Zweige, während zugleich mehrere aberrante Gehäuseformen mit gelockerter oder exzentrisch schneckenförmiger Spirale, ja mit Stabform auftreten. Man hat den Eindruck einer schweren Krise des Gesamtstammes, in deren Verlauf sich Abweichungen von dem ammonitischen Formtypus der geschlossenen, in einer Ebene aufgerollten Spirale einstellen. Die Krise wird offenbar nur durch eine sie überdauernde, normal gebliebende Formengruppe (mit dem einfachen Psiloceras) überwunden, die zu Beginn der Jurazeit die Entfaltung des formenrei-

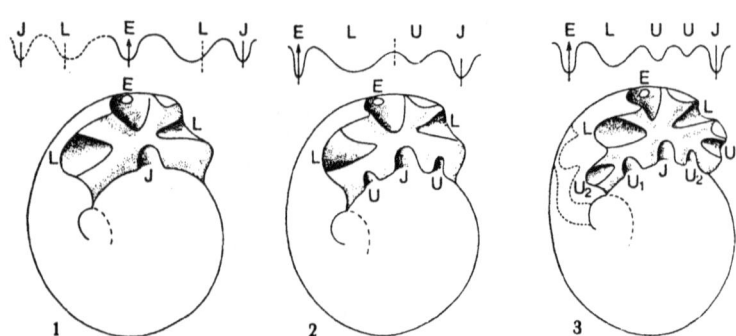

Abb. 35. Lobenvermehrung frühjugendlicher Ammoneenstadien, einseitig vom Externlobus *E* über den Laterallobus *L* zum Innenlobus *I* gezählt. *1* Trilobates (dreilobiges) Stadium, Devon bis Perm; *2* quadrilobates Stadium mit Umbilikallobus *U* in Nähe des Nabels (umbilicus), Trias; *3* quinquelobates Studium mit zwei U-Loben, Jura und Kreide.

chen Heeres der jüngeren Ammoneen (= Ammoniten i.e.S.) einleitet (Abb. 34). Dabei wiederholen sich, neben zahlreichen neuartigen, allerlei Form- und Skulpturtypen der Triaszeit. Denn auch der Formenschatz der schaffenden Natur ist nicht unbegrenzt. Der Fachmann allerdings kann an dem Verhalten frühjugendlicher Merkmale der Sutur feststellen, daß die Individualentwicklung aller Ammoniten der Jura- und Kreidezeit auf einer etwas höheren Organisationsstufe als jene der älteren, vorjurassischen Ammoneen beginnt: Die Sutur ist um eine Rückbiegung, einen Lobus also, auf jeder Flanke bereichert. Die Gesamtentwicklung hat also trotz der Krise einen weiteren Schritt getan (Abb. 35).

Die Ammoniten sind die bezeichnendsten Meerestiere des Erdmittelalters (Abb. 36, 37). Der rasche Wandel vieler ihrer Entwicklungsreihen stempelt sie zu vorzüglichen Leitfossilien, nach denen sich die Schichtgesteine zeitlich ordnen lassen. Denn viele ihrer Arten und

Abb. 36. Ammonit *(Pachylytoceras torulosum)* aus dem unteren Braunen Jura.

Gattungen haben nur während einer kurzen Zeitspanne gelebt.

Weltweite Verbreitung der einzelnen Arten und Gattungen liegt freilich nicht vor, vielmehr Abhängigkeit von klimatisch geprägten Provinzen. So zeigt die boreale Ammonitenfauna ein ganz anderes Gattungsspektrum als diejenige, die das damalige weltumspannende Mittelmeer der »Tethys« bewohnt hat, zu deren Bereich unser heutiges, aber erst viel später nach Auffaltung der Alpen neu entstandenes Mittelmeer gehört. Im deutschen Jura überschneiden sich beide. Außerdem gibt es abseits gelegene Meeresbecken mit endemischen, nur ihnen eigenen Faunen. Klassisches Beispiel dafür ist der germanische Obere Muschelkalk, in dessen nach der Salzfällung im Mittleren Muschelkalk noch immer übersalzenes Wasser nur wenige Formen der vielfältigen Ammonitenwelt der Tethys einzudringen und sich zu behaupten vermochten. Es sind

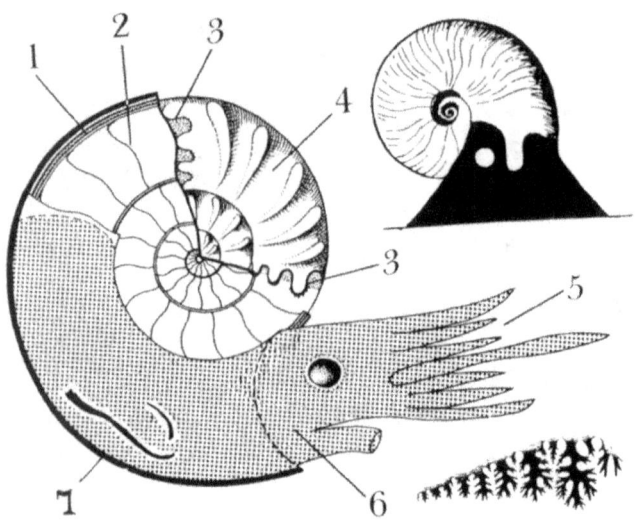

Abb. 37. Ammoneen-Rekonstruktion *(Ceratites)*, teilweise aufgeschnitten, mit Scheidewänden, Sipho und Weichkörper, rechts oben unter der Schale (dicke schwarze Linie) ein Stück des Steinkerns, der Schlickfüllung des Gehäuses, freigelegt. *1* Sipho 2 Scheidewände 3 Lobenlinie 4 Steinkern mit Rippen 5 Tentakeln (unbekannter Zahl) 6 Weichkörper mit Auge und Trichter 7 angedeutet: Ober- und Unterkiefer (bei *Ceratites* selbst noch nicht bekannt). – Rechts oben: Ammonit als Kriechtier (Weichkörper schwarz mit Auge); rechts unten: zerschlitzte Lobenlinie auf der Flanke des Steinkerns eines Juraammoniten *(Phylloceras)*.

das vor allem die Ceratiten, die hier im Laufe von rund zehn Jahrmillionen eine eigene, so sonst nirgends vorkommende Evolution von kleinen skulptierten zu größeren glatten Formen durchgemacht haben (Abb. 38).

Die erwachsenen Gehäuse schwanken zwischen kaum Zentimeter- und stattlicher Wagenradgröße. Die größten Ammoniten mit 2 1/2 m Durchmesser kennt man aus der Oberkreide, also aus der Endzeit des Stammes. Auch sonst bedürfen besonders großwüchsige Formen ei-

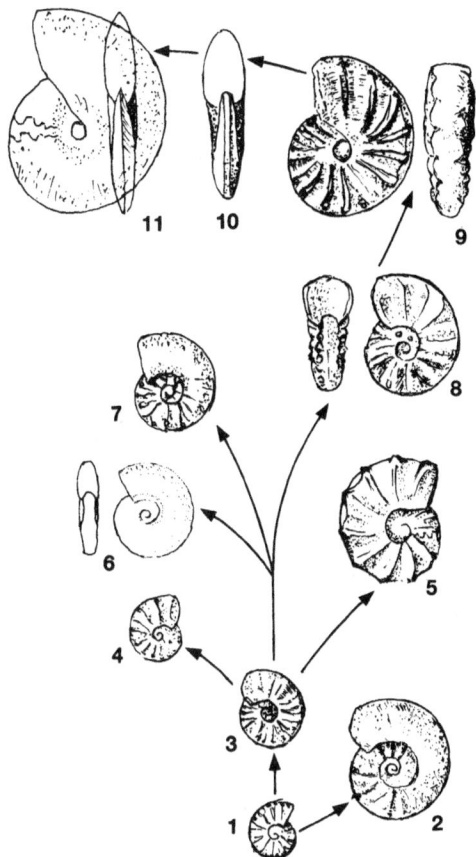

Abb. 38. *Ceratites:* 1 *pulcher,* 2 *robustus,* 3 *distractus,* 4 *armatus,* 5 *spinosus,* 6 *enodis,* 7 *laevigatus,* 8 *nodosus,* 9 *levalloisi,* 10 *dorsoplanus,* 11 *semipartitus.*
Endemische Entwicklung der Ceratiten des deutschen Oberen Muschelkalks von gabelrippigen zu großen einfachrippigen und glatten Formen. C. *semipartitus* mit bis zu 36 cm Durchmesser.

ner langen Evolutionszeit und gesellen sich deshalb oft zu den letzten Vertretern. Daneben kommt es während der ganzen Kreidezeit – wie schon in der kritischen Phase der späten Trias – zu offenen Spiral-, Haken-, Stab- und Schneckenformen der Gehäuse. Für die Deutung bietet sich hier zunächst der Gedanke an, daß diese Abirrungen und Rückschlagsformen in längst überholt erscheinende Ahnengestalten ein Ausdruck des stammesgeschichtlichen Alterns und Formenzerfalls sind, die das endgültige Erlöschen des Gesamtstammes der Ammoneen am Ende der Kreidezeit einleiten. Wir hätten es dann bei einem solchen Lebensstamm gleichsam mit einem Großindividuum höchsten Ranges zu tun, das zu Beginn der Devonzeit ins Leben trat, sich jugendlich entfaltete, reifte und durch Krisen allmählich dem Tode entgegenschritt. Man darf dabei freilich nicht an einen dem physiologischen Alterstod der Individuen entsprechenden Prozeß denken, wohl aber nach jüngst wieder verstärkten Überlegungen an eine mit zunehmender Anpassung ganzer Evolutionslinien abnehmende Flexibilität, auf veränderte Umweltansprüche zu reagieren (Riedl 1975, Rödder u. Wahlefeld 1983).

Diese Deutung nimmt also eine Gliederung der Stammesgeschichte in überindividuelle Großgestalten und deren Phasen an, die von einem gleichsam personhaften Lebensrhythmus und -zyklus von innen her mitbestimmt sind. Der Anfang, die »Geburt« einer solchen Lebenseinheit entspräche dem Auftreten eines zukunftsträchtigen Merkmals oder Merkmalskomplexes, mit denen ein neuer Stamm, eine neue Ordnung des Organismenreiches ins Leben tritt oder eine neue Phase in ihrer Geschichte einsetzt. Die Familien, Gattungen, Arten hätten sich auf dieser Basis in absteigender Reihenfolge durch Differenzierungen geringen Grades gebildet. Man spricht bei dieser Vorstellung einander ablösender Großtypen von der »Typostrophentheorie« (Schindewolf).

Bedenkt man allerdings, daß z. B. der Ammoneenstamm mit dem geringen Merkmal einer ersten Lobenbildung (*Bactrites*, Abb. 33) begann, das zunächst höchstens Artrang beanspruchen könnte und erst für den rückblickenden Systematiker zum Schlüsselmerkmal mit Ordnungsrang wurde, so erscheint auch eine andere Darstellung plausibel. Nach ihr vollzieht sich die stammesgeschichtliche Entwicklung in lauter kleinen – freilich nicht gleichwertigen – Schritten von Art zu Art »additiv« und aufsteigend zu jenen größeren systematischen Einheiten, die sich für das Auge des Systematikers in dem Geflecht der Formen unterscheiden lassen. Diese zweite Darstellung entspricht der heute verbreiteten und der Konzeption von Darwin besonders nahekommenden Theorie der »Additiven Typenbildung« (Heberer 1957). Diese kennt kein Erlöschen der inneren Lebenskraft stammesgeschichtlicher Großeinheiten und Phasen, sondern rechnet mit einer im Grunde dauernden Lebenspotenz der Keimbahn und ihrer Zweige, die nur durch die Auseinandersetzung mit der Umwelt bald gefördert und spezialisiert, bald aber auch in Krisen und in den Untergang geführt, also nur scheinbar personhaft geprägt werden.

Im Rahmen dieses theoretischen Disputs, der inzwischen zugunsten der Additiven Theorie als weitgehend entschieden gilt, ist anhand von *Deshayesites* (s. Abb. 33) noch darauf hinzuweisen, daß bereits entrollte (heteromorphe) Kreideammoniten keine dem Ammonitentypus entglittene Endformen sind, sondern bei ihren Nachfahren die fast geschlossene Spirale wiederkehrt (Wiedmann 1969). Gerade das sieht nach organismeninnerem Widerstand gegen eine eingetretene Entgleisung aus, wenn man nicht an ebenso hypothetische äußere Ursachen wie etwa Meeresspiegelschwankungen denken will. Bezüglich des endgültigen Erlöschens der Ammoniten während der be-

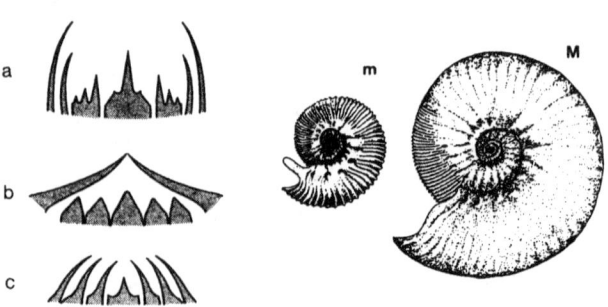

Abb. 39. a-c Drei Radula-Typen liassischer Ammoniten mit unterschiedlichen Zähnchen-Mustern. *Rechts:* M makrokonche, m mikrokonche Form einer Art der Gattung *Kosmoceras*, als Geschlechtsunterschied gedeutet.

kannten Faunenkrise am Ende der Kreidezeit wird über einen freilich umstrittenen Großmeteoriten-Einschlag im ozeanischen Bereich diskutiert, auf den ein hoher Gehalt des Schwermetalls Iridium in Sedimenten der Kreide/Tertiär-Grenze weisen soll. Demgegenüber ist gerade auch für die Ammoniten auf einen seit der frühen Oberkreide eingetretenen Rückgang hinzuweisen. Das Aussterben, dieses allerallgemeinste Geschehen der Lebensgeschichte, ist meist auf eine Vielzahl von Faktoren zurückzuführen und daher kaum einmal bündig zu erklären. Auch stimmen die Krisenzeiten, z. B. der Nautileen und Ammoneen, keineswegs überein, so daß einfache äußere Ursachen ausscheiden. »Es scheint, als hätten wir noch nicht einmal begonnen, das Problem zu verstehen« (Teichert 1986).

Es gibt viele Anzeichen dafür, daß sich bei Ammoniten Männchen und Weibchen unterschiedlicher Größe und Gestalt unterscheiden lassen: kleinere, an Skulpturelementen ärmere, oft mit Fortsätzen (»Ohren«) an der Mündung ausgestattete Männchen und wegen der längeren Reifezeit der Eier (man glaubt Eibeutel zu kennen:

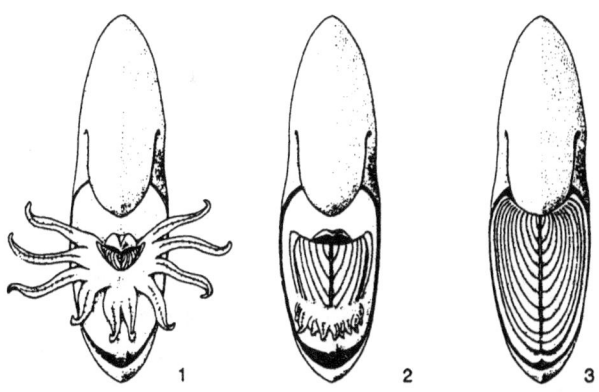

Abb. 40. Aptychen in Unterkiefer- und Deckelfunktion.

Müller 1969, Lehmann 1990) wesentlich größere Weibchen (Abb. 39 rechts).

Auch für die Kenntnis der Ammoniten-Organisation brachten die letzten zwei Jahrzehnte große Fortschritte: So war es eine große Überraschung, als 1967 der Brasilianer Closs in der Wohnkammer eines oberkarbonischen Goniatiten hornige Kiefer mit feinbezahnter Radula, also der bei rezenten Cephalopoden wohlbekannten Raspelzunge, fand. Im gleichen Jahr veröffentlichte Lehmann Radula-Funde jurassischer Ammoniten (Abb. 39) und konnte zugleich die bisher für Deckelorgane gehaltenen einfachen und die bekannteren doppelklappigen Aptychen in hornige bzw. kalkige Unterkieferplatten umdeuten (Abb. 40), zu denen sich als Seltenheit auch der hornige Oberkiefer nachweisen ließ. Ein solches Gebiß läßt Aufschaufeln kleinwüchsiger Nahrung am Meeresgrund und damit weniger schwimmende als mehr bodenbezogene Lebensweise vermuten.

Nach einem durch Berechnung von Auftrieb und Gewicht erstellten mathematischen Modell erscheinen die Ammoniten sogar als reine Bodenkriecher (Ebel 1985), wogegen aber die vielen Ammoniten in Ölschiefern einst sauerstoffarmen Meeresgrundes sprechen; mußten diese doch in höheren Wasserschichten leben (s. Abb. 37).

Die auffallende Übereinstimmung der Umrisse von Aptychus und Gehäusemündung, auf der die frühere Deckeldeutung beruhte, läßt aber vielleicht an eine durch Verschiebung in der Muskulatur zusätzliche Deckelfunktion der Unterkiefer denken, wenn sich der Weichkörper mit den Tentakeln in die Wohnkammer zurückgezogen hatte, vor allem bei den dicken kalkigen Aptychen der oberjurassischen Gattungen *Taramelliceras* und *Physodoceras*. Merkwürdig ist auch, daß die geringe Zahl der Radulazähnchen mehr mit den heutigen schalenlosen Tintenfischen (Dibranchiaten) und damit vermutlich auch den Belemniten übereinstimmt als mit dem (ferner verwandten?) *Nautilus*.

Die bei Ammoniten so intensive Wellung der Septalfläche, ja Ziselierung der Septennaht (Lobenlinie) bietet ein herausragendes biotechnisches Problem. Seinem Verständnis dient die Vorstellung der darin verankerten, auf Zug konstruierten Muskulatur des von Septum zu Septum vorrückenden Weichkörpers und die weitere Vorstellung des nach dem Wellblechprinzip gegebenen Widerstands gegen Außendruck, und zwar auch bei wechselnd aufgesuchter Wassertiefe, was die erwähnte Annahme reinen Bodenlebens der Ammoniten zusätzlich in Frage stellen muß. Seilacher (1975) gelang es, das Entstehen der Wellung mit Gummiballons bis zu einem gewissen Grade zu simulieren, die er in gerade und gebogene, runde und elliptische Röhren einbrachte und unterschiedlicher Zugbeanspruchung aussetzte.

Jüngste Entdeckung sind außergewöhnlich gut erhaltene Ammoniten aus der Trias Spitzbergens, die an einst sauerstoffarmem Meeresgrund durch Phosphatanfall aus pflanzlichem Plankton phosphatisiert wurden.

Dabei erhielten sich neben bisher unbekannten Feinheiten des Gehäusebaus sogar zarte, die Kammerinnenwand auskleidende und im Kammerlumen freigespannte Membranen und Lamellen, die vermutlich im Dienste der die Kammerflüssigkeit steuernden Funktion des Siphos standen. Man sieht: In der Ammonitenforschung ist vieles neu in Fluß gekommen! (Lehmann 1967, 1972; Weitschaft 1986; s. Abb. 4).

Trotz nur sehr spärlicher Funde im Erdaltertum wissen wir heute, daß von dem Grundstamm der Orthoceraten ungefähr zu gleicher Zeit mit den Ammoneen die völlig anders gebaute Gruppe der Belemneen[1] entsprang. Bei diesen wurde die einst vertikale Stellung des Gehäuses weder durch Einrollung noch durch das Gewicht innerer Kalkeinlagerungen überwunden, sondern durch die Bildung einer Kalkscheide (Rostrum) um die Außenwand der gekammerten kegelförmigen Schale (Abb. 32). Das setzt freilich Außenumhüllung von Schale und Rostrum durch den zurückgeschlagenen, kalkabscheidenden Mantel des Weichtieres voraus; das schützende Außenskelett der Vorfahren ist zum stützenden Innenskelett geworden. Die Bewegung erfolgte durch Wasserausstoß aus dem Trichter in der Regel wohl rückwärts, das heißt in Richtung des horizontal im Wasser gelegenen Rostrums.

In triaszeitlichen Meeresgesteinen des heutigen Ostalpen- und Mittelmeergebietes gibt es solche Rostren bis zur Länge von einem Meter mit schlanken, gekammerten Innenkegeln, während sie dem deutschen Muschelkalk-Binnenmeer fehlen *(Atractites)*.

Zu Beginn der Jurazeit erfahren die Belemneen ähnlich wie die Ammoneen einen plötzlichen Neuaufschwung. Sie unterscheiden sich von ihren Vorläufern durch einen etwas stumpferen Winkel des gekammerten

---

[1] Belemneen, Belemniten von griech. bélemnon = Geschoß.

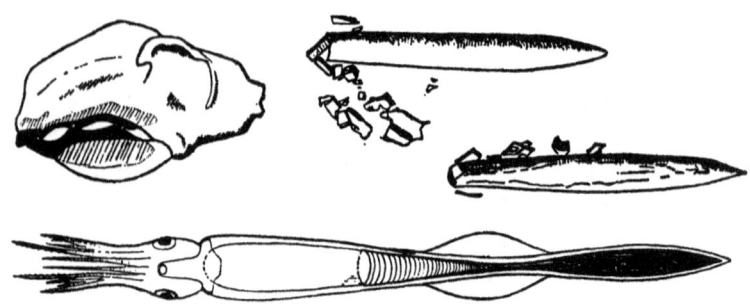

Abb. 41. Rekonstruktion des Belemnitentiers am Beispiel von *Hibolites*, Weißer Jura; gekammerter Teil durchsichtig gezeichnet, Rostrum im Längsschnitt. Das gemeinsame Vorkommen zerscherbter Rostren mit Skeletten der Chimäre *Ischyodus* (»Dickzähner«) in den Kalkschiefern von Nusplingen (Württ.) läßt vermuten, daß dieser stark bezahnte Raubfisch (Schädel oben links, Gebiß schwarz) die Belemniten jagte, ihr Skelett an der dünnsten Stelle zerknackte und die Weichteile verschlang, während die Rostren mit den im zerfetzten Mantel hängenden Splittern zu Boden sanken.

Innenkegels. Sie beginnen mit nur zentimetergroßen Rostren, steigern aber ihre Größe rasch und werden im Mittleren Jura wiederum zu Riesen *(Belemnites giganteus)*, deren Skelett wohl mehr als einen Meter lang werden konnte. In manchen Schichten des süd- und nordwestdeutschen Braunen Juras finden sich ungefähr halbmeterlange Rostren dieser Gruppe in großer Zahl. Wo Belemniten nach einem treffenden Vergleich Quenstedts,»wie zerbrochene Speere« aus dem Gestein auswittern, spricht man von »Belemniten-Schlachtfeldern«. Seltene Funde in bituminösen Schiefern zeigen, daß schon die Belemniten einen Tintenbeutel besaßen. Das hat sie freilich nicht immer davor bewahrt, manchen Räubern als Beute anheimzufallen (Abb. 41). Dabei waren sie aber zu (erfolgreichem?) Fluchtversuch fähig. Die hakenförmigen Ritzstreifen in Abb. 42 können nur zwischen den Zähnen ei-

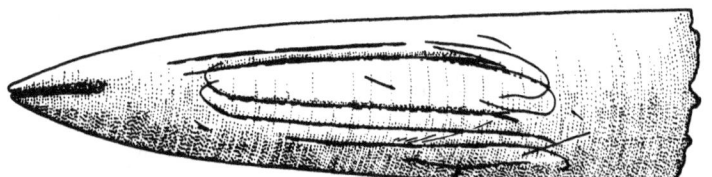

Abb. 42. Belemniten-Rostrum aus dem Mittleren Lias bei Aalen mit Ritzen – beidseitig! –, die auf einen Fluchtversuch vor einem bezahnten Räuber weisen.

nes Räubers, wohl Raubfischs, entstanden sein, denen das Beutetier durch schnelle Wendung von Trichter und Flossenbewegung zu entkommen suchte. Man kann die gleiche Ritzzeichnung leicht erzeugen, indem man mit zwei Kreidestückchen zwischen den Fingern einer Hand auf einer Schreibtafel Haken schlägt.

Die weitere Entwicklung verläuft unter mancherlei Differenzierung ruhiger bis ans Ende der Kreidezeit, wo die meisten wie die Ammoniten aussterben. Nur wenige retten sich in die jüngere Zeit. Dabei wird das Rostrum zugunsten größerer Beweglichkeit wieder abgebaut. Was einst – zur Überwindung der senkrechten Gehäusestellung – ein funktioneller Fortschritt war (S. 91, Abb. 32), hat seinerseits neuem »technischen« Fortschritt zu weichen.

Auffallend ist die solide kalzitische Konsistenz der Rostren, obwohl Beobachtungen dafür vorliegen, daß sie zu Lebzeiten aragonitisch und porös waren. Es fand also, wie bei den Echinodermen, eine vermutlich kurz nach der Einbettung erfolgende (frühdiagenetische) Umkristallisation statt.

Die heutigen Sepien gehören einem verwandten Entwicklungszweig an, dessen Rostrum sich ebenfalls zurückgebildet hat. Auch die heute sehr vielgestaltigen Kalmare, zu denen *Loligo* (s. Abb. 34) gehört, reichen über die Jurazeit zurück, spielen aber im fossilen Fundgut nur eine geringe Rolle, da sich ihre zarten hornigen Schulpe nur unter besonders günstigen Bedingungen erhalten konnten. Der hochverdiente Röntgenologe unter den Paläontologen Wilhelm Stürmer († 1986) hat wohlentwickelte Kalmare *(Eoteuthis)* schon im unterdevonischen Hunsrückschiefer entdeckt! Die achtarmigen Kraken (Octopoden), die fast keine Hartteile besitzen, sind fossil naturgemäß nur ganz vereinzelt bekannt geworden.

Die Belemniten veranlassen uns noch einmal zu einer kleinen historischen Betrachtung. Wir haben früher (S. 7) von der Bedeutung jenes Erkenntnisschrittes gesprochen, den Nicolaus Steno 1667 damit getan hat, daß er die fossilen Glossopetren mit Zähnen identifizieren konnte, wie sie auch die heutigen Haifische noch besitzen. Die Deutung der Belemniten war schwieriger; war doch hier unter den heutigen Lebewesen nichts Ähnliches bekannt. Und so gelang sie auch erst ein gutes Halbjahrhundert später jenem berühmten Memminger Arzt und Naturforscher Balthasar Ehrhart während seiner Lehrzeit in der Tübinger Gmelinschen Apotheke um 1725. Den Nachweis, daß es sich bei den noch völlig problematischen, damals zu Arzneipulver zermahlenen »Donnerkeilen« überhaupt um Reste von Organismen handelte, führte Ehrhart dadurch, daß er sie in dem Gestein der Juraschichten im Vorland der Schwäbischen Alb zusammen mit anderen Tierschalen, und zwar von mariner Herkunft, fand und sammeln konnte. Es mußte sich also wohl ebenfalls um Reste meeresbewohnender Tiere handeln. Ehrhart begann deshalb, die Merkmale der Belemniten und heute bekannter Meerestiere zu vergleichen und fand Übereinstimmung zwischen dem gekammerten Innenkegel der Belemniten und dem gekammerten und von einem Sipho durchzogenen Gehäuseteil einiger heutiger Kopffüßer *(Nautilus, Spirula)* sowie auch der versteinerten Ammoniten. Für die damalige Zeit war das eine

Meisterleistung, die das vergleichend-anatomische Studium fremdartiger fossiler mit heutigen Lebewesen einleitete. Doch hat Ehrhart aus seiner Erkenntnis keineswegs den für unser Denken naheliegenden weiteren Schluß gezogen, daß die Belemniten ausgestorben seien. Denn warum sollten sie nicht in noch unerforschten Tiefen des Meeres zu entdecken sein? Hören wir ihn selbst (in Übersetzung aus dem Lateinischen):

> Man mag nun einwenden: wenn die Belemniten fossile Arten mariner Schalentiere sind – woher kommt es dann, daß die zahlreichen, von berühmten und erfahrenen Schriftstellern angefertigten Schaltierkataloge keine Form enthalten, die unseren Belemniten ähnlich ist? Auf diese Frage antworten wir ohne Umstände, daß sich bisher viele Tierarten in unzugänglichen und abyssischen Tiefen des Meeres verborgen halten und vielleicht immer dort verborgen halten werden. Wir dagegen fördern aus der Erde, was Neptun bisher auch den neugierigsten Blicken verweigert hat...Wer vermochte der Wissenschaft ein Ammonshorn mit seinem wundersamen Bau zu liefern – und doch...wer könnte vernünftigerweise bestreiten, daß die jetzt fossilen Ammonshörner Meerestiere sind?«

Wir wissen noch heute nicht mit völliger Sicherheit zu sagen, ob sich nicht ein Reliktbestand der Belemniten, die einst die Flachmeere des Erdmittelalters bevölkerten, an einen noch unbekannten Tiefseestandort zurückgezogen hat. Wahrscheinlich ist es nicht. Auch stellt ihr Abgang von der Bühne des Lebens nur einen von zahlreichen Fällen dar und erhöht den Reiz ihrer Erforschung.

Gliedertiere

Unter den Gliedertieren scheinen die *Trilobiten* (»Dreilapper«, Abb. 43) in der zweiten Stufe des Kambriums

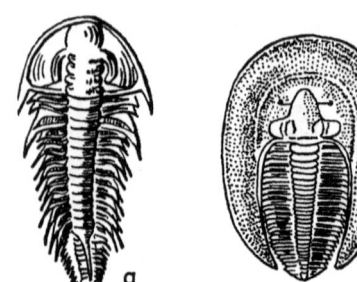 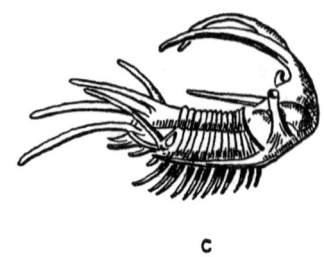

Abb. 43. Trilobiten: *a Olenellus*, Unterkambrium; *b Paraharpes*, Ordovizium, England; *c Ceratarges*, Mittl. Devon, Eifel (Schwebestacheln?).

(Atdabanium) zwar plötzlich einzusetzen, müssen aber wegen ihrer schon typischen und fertigen Organisation selbstverständlich schon eine den Fossilfunden vorangehende Evolution hinter sich haben. Das beweisen auch noch ältere, durch den Abdruck der Gliedmaßen eindeutige Trilobitenspuren, deren Erzeuger offenbar noch kein Skelett hatten. Damit stimmt überein, daß Skelettbildung nach konstruktionsmorphologischen Überlegungen (Vogel u. Gutmann 1983) immer nur an einer entsprechenden, noch skelettlosen Vorfahren-Organisation vor sich gehen kann, wie das für die Trilobiten Grasshoff (1981) dargestellt hat. Sie erlöschen in der Permzeit und zeigen den Ammoniten ähnliche Erscheinungen der Entfaltung und des Niedergangs. Ihre chitinösen Panzer sind oft wundervoll erhalten und nicht zuletzt deshalb so häufige Fossilien, weil sich die wachsenden Tiere wiederholt häuten mußten und so jeweils mehrere fossilisationsfähige Exuvien (Häute, »Panzerhemden«) hinterließen. Selbst die aus zahlreichen Einzellinsen zusammengesetzten Augen sind in Kalzit konserviert, konnten bei manchen Formen, die sich dem Leben in Schlamm und dunklen Meerestiefen anpaßten und erblindeten, aber auch zurückgebildet werden.

Die Trilobiten – sie hatten z. B. nur ein Antennenpaar – sind keine eigentlichen Krebse. Auf deren Vielfalt sowie auf die Schwertschwänze, Spinnen und Skorpione, die beiden letzteren mit guter Erhaltung vor allem im Bernstein, kann hier nur hingewiesen werden. Beide haben im Erdaltertum wasserbewohnende Vorfahren. Von den Schwertschwänzen leben heute nur noch zwei Gattungen. Die eine, *Limulus*, in den Gewässern der nord- und mittelamerikanischen Ostküste lebend, hat in dem jurassischen *Mesolimulus* einen sehr ähnlichen Vorfahren, ist also eine lebensgeschichtliche Dauerform. In den Solnhofener Plattenkalken findet sich *Mesolimulus* manchmal am Ende seiner Trittspur, wo er in dem wahrscheinlich zu warmen Lagunenwasser verendet ist. Früher bezog man diese Spuren irrtümlich auf Urvögel, Flugsaurier oder gar auf kleine Dinosaurier.

Schon seit der Silurzeit begannen manche Vertreter der Gliedertiere, das Wasser zu verlassen und ungefähr gleichzeitig mit den ältesten, noch amphibischen Landpflanzen erste Schritte an Land zu tun. Aus einem Zweig solcher Pioniere gingen die Insekten hervor, die sich an Land sehr bald Flügel erwarben, wie man sie seit der Steinkohlenzeit kennt. Welcher organisatorischen Umstellung in bezug auf die Atmung und Bewegung dieser Schritt bedurfte, sei nur angedeutet. Aber das Ergebnis war erfolgreich und führte zu rascher Entfaltung. Im Steinkohlenwald traten zu altertümlichen Formen von einer Größe und Flügelspannweite, wie sie heute nicht mehr vorkommen, die heute noch lebenden urtümlichen Eintagsfliegen und Libellen, aber auch Schaben u. a. Im Perm kamen die Heuschrecken und Schnabelkerfe, in der Trias die Käfer hinzu. Seit dem Perm gibt es Insekten mit Puppenstadium, also mit vollkommener Verwandlung während des individuellen Lebensganges, was vermutlich als Anpassung an einschneidende kli-

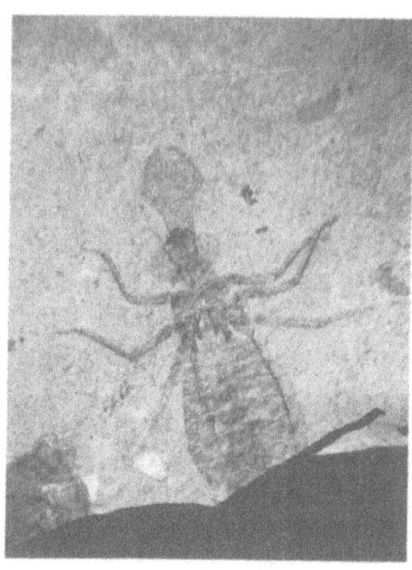

Abb. 44. Libellenlarve aus dem Kieselschiefer des jungtertiären Sees im Randecker Maar (Schwäbische Alb). In 3facher Vergrößerung.

matische Veränderungen jahreszeitlicher Art zu verstehen ist.

Die *Insekten* bieten jedem, der sich ihnen zuwendet, eine natürliche Wunderwelt von besonderer Art. Nirgends sonst haben räuberische Tiere eine so abenteuerliche »Rüstung« erworben, nirgends wurde unter den auf pflanzliche Stoffe angewiesenen ein solches Maß erstaunlichster Anpassung erreicht (Abb. 44 und 45). Mit der großen Zahl der Insektenarten wuchs auch wiederum die Zahl der durch Mutationen erschlossenen Möglichkeiten. Besonders die Schmetterlinge und die Netzflügler, seit Jura bzw. Perm bekannt, entfalten sich seit der Kreidezeit parallel zu den Blütenpflanzen in einem Zusammenspiel der Anpassungen, von dem beide Seiten Nutzen ziehen. Wer sich an wen anpaßt, ist deshalb eine müßige Frage. Denn es handelt sich um die Bevorzugung dessen, was im stammesgeschichtlichen For-

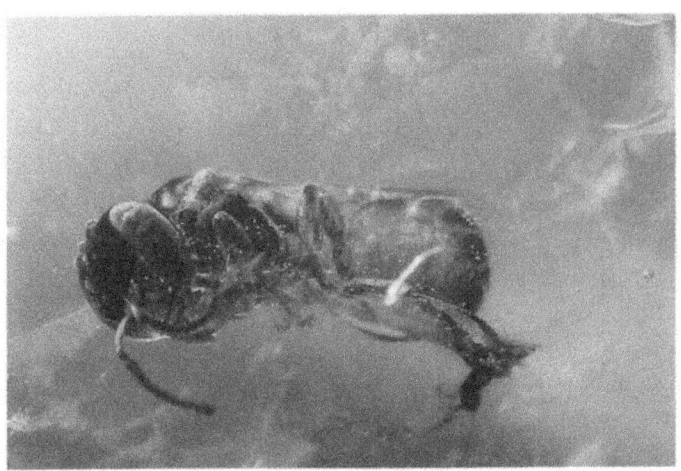

Abb. 45. In Bernstein eingeschlossene Biene, Oligozän, ca. 40 Mill. Jahre alt.

menwandel auf beiden Seiten jeweils zufällig zusammenpaßt. Der den Pollen ergreifende Wind wird bei geeigneter Veränderung der Blüte, die mit Duft und Farbe lockt und zusätzlich auch Nektar zu bieten beginnt, durch Insektenbesuch ersetzt. Weitere immer speziellere Eigenschaften der Blüten einerseits, der Insekten andererseits, wie Röhrenform des Blütenhalses und Rüsselform des Insektenmundes, beschränken die Besucherzahl in manchen Fällen bis auf eine einzige, extrem spezialisierte Art. Daß es ähnliche Anpassungen auch zwischen Pflanzen und Vögeln bzw. Fledermäusen gibt, sei nur am Rande erwähnt. Immer sind es Gruppen, deren erste große Entfaltung in die gleiche Zeit mit derjenigen der Blütenpflanzen fällt. Die schon älteren, stammesgeschichtlich deshalb wohl nicht mehr so plastischen Käfer haben diese Anpassung nur in ungleich geringerem Grade mitgemacht (Bülow 1955/56).

Stachelhäuter (Hauptgruppe der wirbellosen Neumünder)

Auch der Stamm der Stachelhäuter (Echinodermen) ist uralt. Seesterne und Seeigel gehören seit dem Ordovizium zur Fauna der Meere und sind auch heute jedem Strandwanderer bekannt, der sie angespült am Brandungssaume findet. Die kalkigen, zu Lebzeiten zart-porösen Skelette dieser Tiere bestehen aus einer großen Anzahl von Gliedern und Platten, die starr oder gelenkig miteinander verbunden sind. Sie können Stacheln tragen, die bei manchen Seeigeln abenteuerliche Größe erlangen und sowohl dem Schutze als auch der stakenden Fortbewegung dienen, welche außerdem von schwellbaren »Scheinfüßchen« bewerkstelligt wird. Die »regulären« Seeigel mit wundervoll verzierten, wie aus schimmerndem Metall gestanzten, streng radial-symmetrischen Kapseln gehören zu den Diademen, welche die fossile Tierwelt unserem Auge zu bieten hat, während sich diese Pracht bei den lebenden Tieren unter dem häutigen Stachelkleid versteckt. Der Mund, der von einem Kranz zahnartiger Werkzeuge umgeben sein kann, liegt im Zentrum der Unter-, der After im Zentrum der Oberseite. Daneben finden wir aber auch »irreguläre« Seeigel, bei denen Mund und After aus der zentralen Lage nach vorne bzw. hinten gewandert und die dadurch zweiseitig-symmetrisch geworden sind. »Geworden« weist auf die Geschichte dieser Formen: Vor der Jurazeit kennen wir nur radial-symmetrische Seeigel, deren Lebensraum Riffe und andere harte Meeresböden waren, wie das auch heute für sie gilt. Seit der Jurazeit treten aber dazu solche mit beginnender zweiseitiger Symmetrie. Sie leben, wie wir aus den sie umschließenden Gesteinen ablesen können und auch von ihren heutigen Vertretern wissen, in tiefe-

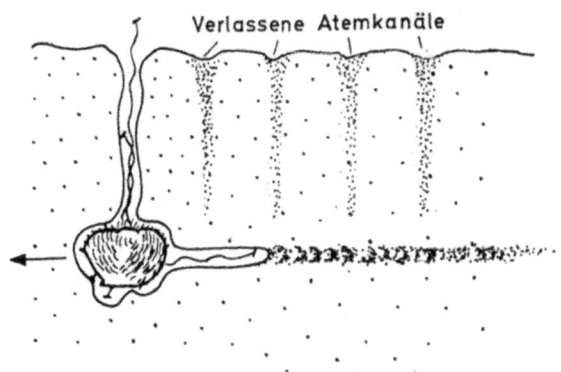

Abb. 46. Seeigel *Echinocardium*, eingegraben im Schlick, mit Ortsveränderung.

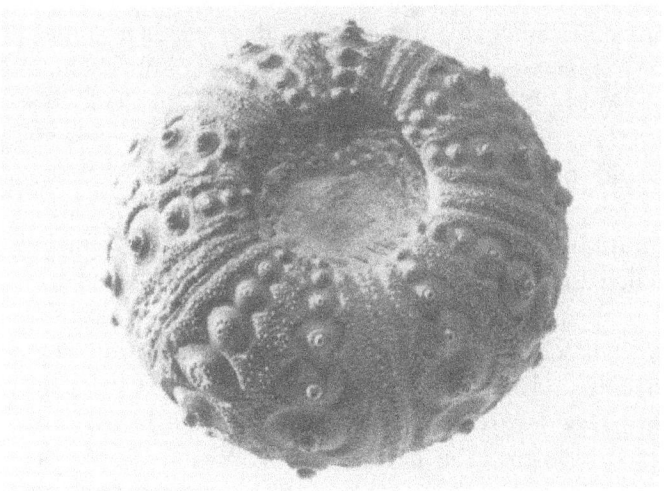

Abb. 47. Seeigel *Plegiocidaris* aus dem Oberen Jura. Kapsel ohne Stachelkleid. Hartgrundbewohner.

ren stilleren Gründen, und zwar oft eingegraben in Schlamm. Der Übergang zu dieser neuen Lebensweise setzte aber eine Änderung der Konstruktion voraus; denn der oben liegenden Ausfuhröffnung hätte es nun an der im bewegten Wasser gesicherten Wasserspülung gefehlt. So war es vorteilhaft, daß der After nach rückwärts rückte und der Mund nach vorn, wo es in Richtung der Wühl- und Kriechbewegung des Tieres stets frischen, nahrungsreichen Schlamm zu fressen gibt. Lang ausgestreckte Scheinfüßchen halten bei dem rezenten Herzigel *(Echinocardium)* einen Schacht hinauf zum Meerwasser und hinter dem Tier eine blind endigende Röhre offen, in die der Kot gestopft wird. Derbe Stacheln sind hier nicht mehr am Platz; sie sind zu einem feinen, das Tier umhüllenden Stachelpelz geworden. (Abb. 46, 47).

Schon aus kambrischer Zeit, also noch früher als die Seesterne und Seeigel, kennen wir die dritte große Gruppe der Stachelhäuter, nämlich die »Seelilien« (Stieltiere, Pelmatozoa), die freilich in der Regel ohne Stacheln sind (Abb. 48). Die Grundgestalt ist auch hier eine aus Platten zusammengesetzte Kapsel, die aber einen stielartigen und mehrere armartige Fortsätze trägt; diese bestehen aus gelenkig verbundenen Kalkgliedern von Walzenform und sind von einem Nervenstrang durchzogen. Im Erdaltertum gibt es mehrere, verschiedenartig organisierte Gruppen (a, b), darunter auch solche ohne Stiel, bei denen wahrscheinlich die Vorfahren der etwas jüngeren Seesterne und Seeigel zu suchen sind. Auch die einzige bis in die Gegenwart existierende Gruppe, die Haarsterne oder Crinoiden, erreichen die größte Vielfalt ihrer Formen schon im Erdaltertum. Es ist also umgekehrt wie bei den Seeigeln, die sich erst im Erdmittelalter zu entfalten beginnen. Während viele der altertümlichen Seelilienformen ein regelloses Plattenmosaik und unterschiedliche Armzahl zeigen, stellt sich bei den Crinoiden eine immer strengere Fünfstrahligkeit des Baues ein. Die Kapsel wird zu einem in mathematischer Gesetzmäßigkeit gebauten Kelch, aus dem fünf sich meistens verzweigende Arme entspringen. Nur die Kelchdecke, die den Mund und den

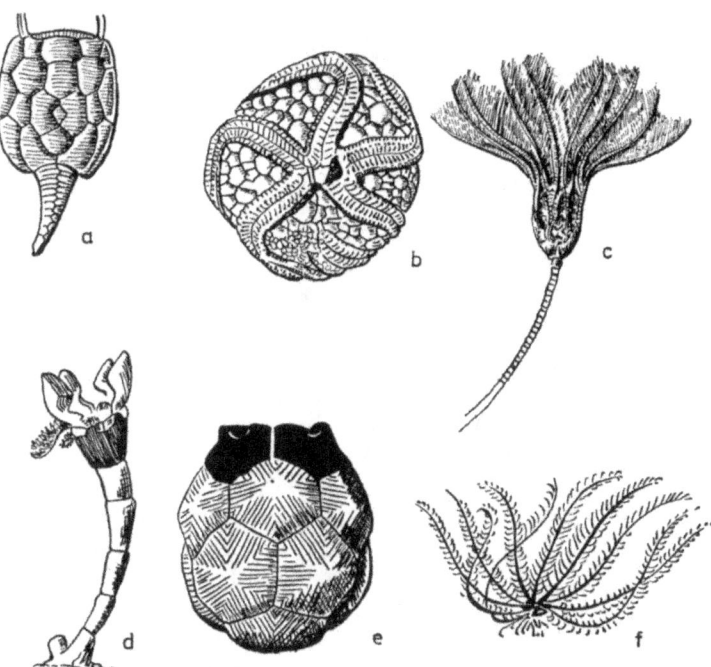

Abb. 48. Charakteristische Formen aus der Stammes- und Anpassungsgeschichte der Stieltiere (Seelilien, Pelmatozoen): *a Placocystites* (Carpoidea), Silur bis Devon; *b Edrioaster,* Ordovizium; *c Glyptocrinus,* Ordovizium bis Silur; *d Eugeniacrinus,* Ob. Jura; *e Marsupites,* Ob. Kreide; *f Saccocoma,* Jura bis Gegenwart; *c–f* sind Crinoiden.

After trägt und den Eingeweidesack oben abschließt, bleibt ohne solch ein strenges Muster.

Im Erdaltertum ist die Kapsel (Kelch und Kelchdecke) der Seelilien starr gebaut, im Erdmittelalter setzt sich gelenkige Beweglichkeit durch. Vertreter der Gattung *Encrinus,* die manche Flachgründe des Muschelkalkmeeres wie mit lockeren Wäldern besiedelte, hefteten sich mit dem plattenartig verbreiterten Ende der rund eineinhalb Meter langen Stiele auf Muscheln oder ande-

Abb. 49. Kolonie der Seelilie *Seirocrinus subangularis*, auf Treibholzstamm (links unten) aufgewachsen, der außerdem von Muscheln besiedelt ist. Oberlins-Ölschiefer, Ohmden bei Holzmaden. Höhe der Platte 168 cm.

ren Hartgebilden des Meeresboden fest. Nur selten freilich finden sie sich am Lebensort eingebettet und in Zusammenhang erhalten (Linck 1965). Die Glieder ihrer Stiele (Trochiten) wurden dagegen weithin verfrachtet und bilden infolge von Zusammenschwemmung großer Massen ausgedehnte und mächtige Kalksteinlager. In der Liaszeit brachte die größte bekannte Seeliliengattung (*Seirocrinus*, Abb. 49) Riesenformen mit über 15 Meter langen Stielen und aufs feinste verzweigten, metergroßen Kronen hervor. Aus den Ölschiefern dieser Formation sind kleine und große Kolonien in wundervoller Erhaltung bekannt, die zu den schönsten Fossilien zählen, die es gibt. Sie pflegten in diesem Falle nicht auf dem Meeresgrund zu siedeln, ja konnten das nicht. Denn dieser war, wie uns die dunkle Färbung des Gesteins durch Schwefeleisen und Bitumen noch heute bezeugt, sauerstoffarm und deshalb lebensfeindlich. Die Natur fand daher für die Seelilien den Ausweg, sich auf Treibholzstämmen anzusiedeln, an denen ihre Kolonien sich wie von Flößen ins Wasser hängend treiben ließen. Der zarte Bau dieser »schlangenhaarigen Medusenhäupter«, wie ältere Autoren solche Funde nannten, war vorzüglich an solches Schweben in den Fluten angepaßt. Sanken sie dann, wenn das Wachstum die Tragfähigkeit des Holzes überschritten hatte, doch zu Boden, so wurden sie dort zusammen mit der übrigen, aus den belebten höheren Wasserschichten stammenden Tierwelt (Ammoniten!) in den Schlick eingebettet und fast unversehrt überliefert, da ja Bodentiere und somit Aasfresser fehlten.

In die Verwandtschaft dieser zart gebauten Tiere gehören aber auch Seelilien von ganz anderer Erscheinung. Bei ihnen sitzen dickwandige Kelchkapseln mit kurzen Armen auf stämmigen runden Stielen, die mit einem regelrechten Wurzelstrunk auf dem Untergrund festgewachsen sind (s. Abb. 48d). Das deutet darauf hin, daß solche einige Zenti- und Dezimeter hoch werdenden Formen bewegtem Wasser standzuhalten hatten; sie finden sich dementsprechend besonders im Bereich von Korallenrasen und -riffen, wie sie im Weißen Jura verbreitet sind. Außerdem gibt es wiederum stiellos gewordene Formen, und zwar erstens eine Gruppe, welche fast nur noch aus kleinen, dickwandigen Kelchschüsselchen bestand, die ähnlich wie austernartige Muscheln mit ihrer Basis unmittelbar auf dem Meeresgrund oder auf Gehäusen lebender Ammoniten festwuchsen (*Cotylederma* im Lias); zweitens aber solche, die sich den Verlust des Stieles dadurch zunutze machten, daß sie mit dem Schlag ihrer zierlichen Arme zum Schwimmen übergingen. Wir kennen solche Schwimmformen schon aus den feinkörnigen Kalkschiefen des Oberen Juras, wo eine ihrer Arten manche Schichtflächen in Massen erfüllt. Dieses Prinzip freier Beweglichkeit hat sich so bewährt, daß die meisten heute noch lebenden Seelilien zu dieser Gruppe gehören (Abb. 48 f).

Graptolithen

Überblickt man das Reich des Lebens durch die Zeiten, so fällt neben der Wandlung auch die Konstanz auf. In kleinen Generationsreihen und damit in kurzer Zeit ist die Unveränderlichkeit im Gang der Vererbung die Regel. Ihr entspricht auch, daß z. B. der kleine Brachiopod *Lingula* mit seiner zungenförmigen Doppelschale oder die Muschel *Nucula* durch fast alle Formationen gehen, und daß die Typen Brachiopod, Schnecke, Muschel, Cephalopodengehäuse, Krebs durch Hunderte von Jahrmillionen erhalten bleiben. Schon die älteste Tierwelt bietet unserem Auge keine fremden, sondern im Grunde vertraute Bilder, und das Fabelhafte, das sich – in der Welt der Saurier – einstellt, hat manche Parallelen in exzessiven oder riesigen Tierformen auch der Gegenwart. Selbst die Ammoniten und die Belemniten, einst blühende, heute völlig erloschene Ordnungen, lassen sich mit noch lebenden Verwandten eindeutig in Zusammenhang bringen.

Das gilt neuerdings auch für die lange Zeit rätselhaften Graptolithen: zierliche, netzartig verzweigte oder – häufiger – einfache Schäfte, an denen kleine, das unbekannte Weichtier bergende Behälter (Theken) aufgereiht sind (Abb. 50). In den dunklen silurischen Schiefern erscheinen sie oft wie silberne Schriftzüge oder Laubsägeblätter und wechseln ihre Formen in der Zeit so schnell,

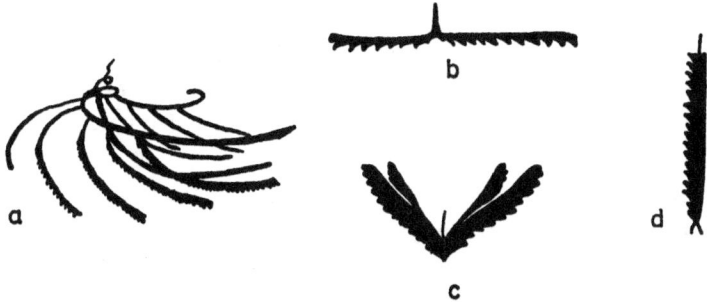

Abb. 50. Planktonische Graptolithen. Einige Beispiele verzweigter und unverzweigter Formen, deren Schäfte nur noch je eine Thekenreihe tragen. *a Cyrtograptus, b Didymograptus, c Phyllograptus, d Monograptus.*

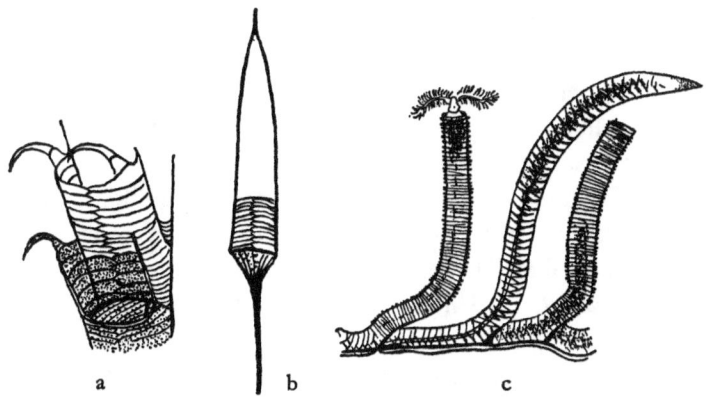

Abb. 51. Vergleich der Zickzackstruktur bei *Graptolithen* (*a, b*) und dem rezenten Pterobranchier *Rhabdopleura* (*c*). *a* zwei Theken des erwachsenen Graptolithen-Skeletts, den »Zähnen« der »Sägeblätter« in Abb. 50 entsprechend; *b* Jugendstadium. – Vergrößert, natürliche Größe im Millimeter-Bereich.

daß sich das Ordovizium und Silur Englands mit Hilfe dieser vorzüglichen Leitfossilien in 37 »Zonen« einteilen, also zeitlich – natürlich nur relativ – datieren lassen. Wohin aber gehören diese »steingewordenen Schriftzüge« (wie sich das Wort übersetzen läßt), die man längst erloschen glaubte? Die äußere Form schien lange auf Coelenteraten (Hohltiere) oder auch Bryozoen (Moostierchen) zu weisen, während eine ganz bestimmte, im Tierreich sonst unbekannte Zickzackstruktur, die auch im Schaft rezenter Pterobranchier auftritt, sowie das die zarten Skelette aufbauende Gerüst aus Kollagenfasern (nicht Chitin), nun auf enge verwandtschaftliche Beziehungen zu diesen weisen (Abb. 51). Es sind dies kleine, koloniale, deuterostome Organismen, die wie die ältesten, schon kambrischen Graptolithen sessil auf dem Meeresboden leben. Einige von ihnen gingen an der Wende zum Ordovizium zu schwebender Lebensweise über – ein »historischer Akt«, mit dem diese Tierklasse einen neuen Lebensraum von ungeheurer Ausdehnung gewann: das »Weltmeer« (Jaeger 1978). Die damit eingeleitete reiche Entfaltung vollzog sich unter Vervollkommnung von Innenbau und allerlei Schwebeeinrichtungen, aber zugleich auch unter auffallender Vereinfachung des äußeren Bildes, z. B. von verzweigten zu einfachen und statt mit mehreren nur noch mit einer Thekenzeile besetzten Schäften, die mit *Monograptus* im Unterdevon erlöschen. Die sessile Ursprungsgruppe, mit der sich die heutigen Pterobranchier verknüpfen lassen, ist fossil dagegen bis ins Karbon bekannt. Die anschließende Überlieferungslücke läßt sich vielleicht mit ungünstigen Erhaltungsbedingungen erklären. Das Ursprünglichere hat auch hier längere Lebensdauer (Jaeger 1978, Andres 1980).

Systematisch werden die Pterobranchier und damit auch die Graptolithen wegen eines bei ersteren im vorderen Körperbereich auftretenden Chorda-ähnlichen Strangs zu den Hemichordaten (»Halbchordaten«) und damit in die weitere Verwandtschaft der Chordatiere gestellt.

Conodonten und das Conodontentier

Als älteste, vom Kambrium bis in die Trias vorkommende Chordatenreste scheinen sich aufgrund jüngster Entdeckungen die durch mehr als hundert Jahre rätselhaften und aufs unterschiedlichste gedeuteten *Conodonten* (»Kegelzähne«) zu entpuppen. Es sind kleine, aus kalkapatitischer, also knochenähnlicher Substanz bestehende zahnähnliche Gebilde im mm-Bereich, die sich trotz beibehaltener Grundformen morphologisch rasch ändern und deshalb als wichtige mikropaläontologische Leitfossilien dienen. Seltene Gruppenfunde zeigen, daß die meistens nur einzeln vorkommenden Gebilde einem aus verschiedenen Einzelconodonten zusammengeschlossenen regelmäßig geordneten »Apparat« angehören, der merkwürdigerweise, wie sich aus den Wachstumszonen erkennen läßt, von Hartsubstanz abscheidendem Gewebe umgeben war. Deshalb wurde eine das Schlundgewebe eines unbekannten Tieres stützende Funktion im Dienste der Nahrungsaufnahme als am wahrscheinlichsten angenommen.

In der Tat fanden sich 1982 fast zufällig in Proben eines karbonischen Gesteins aus lagunärer Fazies, die seit 1925 unbeachtet in einer Schublade des Geologischen Amtes in Edinburgh schlummerten, plattgedrückte Weichkörperreste mehrerer einige Zentimeter langer Tiere von wurmartiger Gestalt mit Schwanzflosse und Conodontenapparat im Kopf-Schlund-Bereich: Das unter den Sonderbedingungen einer übersalzenen Lagune eingebettete und reliktisch erhaltene Conodontentier war damit offenbar gefunden (Aldridge 1983). Besser erhaltene Exemplare kamen mehr als ein Jahrzehnt später im Ordovizium Südafrikas zutage (Gabott u.a. 1995), wobei ein Torso sogar auf ein Tier von 40 cm Länge schließen läßt. Die Funde zeigen Chorda, fischähnliche Rumpfmuskulatur (Erhaltung in dem Tonmineral Illit) und große, von Muskelfasern umgebene Augenhöhlen. Mikroskopische Abnützungsspuren an den zum Apparat zusammengeschlossenen Einzelconodonten (Purnell 1995) machen eine wenigstens zeitweilig echte Beißfunktion wahrscheinlich, ohne daß hier schon alles geklärt wäre (s.o.). Immerhin glaubt man die Conodontenträger jetzt als räuberisch lebende Tiere der frühen Chordaten-Verwandtschaft ansprechen zu können (Janvier 1995).[1]

Paläontologische Forschung bedarf oft langer Geduld. In der Evolution der Erkenntnis werden viele, auch in Sackgassen führende Wege eingeschlagen, von denen sich zuletzt nur einer bestätigt. Solange Fundgut und Beobachtung zu schmal, nur ein Hartteil eines in der Regel vergänglichen Organismus bekannt sind, hilft keine Theorie weiter, läßt sich allein auf neue Funde setzen, zu denen es freilich nur deshalb kam, weil die vielen Deutungen das Problem am Brennen und den Entdeckungseifer wachhielten. So waren auch die Fehlwege nicht umsonst, führte einmal mehr der Weg zur – noch immer nicht endgültig gewonnenen – Wahrheit über den Irrtum.

---

[1] Für Information über die jüngste Literatur danke ich Professor W. Ziegler (Frankfurt).

Chordatiere und die Entfaltung der Wirbeltiere

Wir haben uns bisher vorwiegend mit wirbellosen Tieren beschäftigt, denen man die »Wirbeltiere« entgegenstellt – Tiere also, denen heute die Mehrzahl der Fische, die Lurche, die Kriechtiere und die Säugetiere angehören. Nun zieht bei verschiedenen Gruppen verhältnismäßig primitiver Fische durch die Mitte des Wirbelkörpers ein als Chorda bezeichneter Bindegewebsstrang. Ganz primitive Fische, die sogenannten Rundmäuler (Neunaugen und Schleimfische), besitzen überhaupt nur diese Chorda, die offenbar die primäre Stützachse des Körpers darstellt. Da auch diese einfachen Fischartigen systematisch in die nächste Nähe der eigentlichen Wirbelträger gehören und andererseits noch die Säugetiere eine embryonale Chorda bzw. einen Chorda-Rest besitzen, ist es besser, das Tierreich in Chorda-Träger und Chorda-Nichtträger (Chordata und Achordata) einzuteilen, zwischen denen die erwähnten Hemichordata stehen.

Die Chordata gehören zu den Neumündern (Deuterostomiern) und lassen sich deshalb nicht, wie schon vermutet, auf die Gliedertiere (Arthropoda) zurückführen. Das fossile Fundgut gibt keine Auskunft über ihre Herkunft, was angesichts der mangelnden Erhaltungsfähigkeit ihres heute primitivsten Vertreters, des Lanzettfischchens *Branchiostoma*, nicht verwundert. Der auf anatomischem Vergleich rezenter Formen beruhenden Ableitung von coelomaten (s. S. 82) Würmern auf dem Wege über die Hemichordaten steht die Ableitung von den altpaläozoischen, echinodermenverwandten, mit Stiel und unsymmetrischer Kapsel aus Kalkplättchen versehenen Carpoidea (»Calcichordata«, s. Abb. 48) gegenüber (Jefferies 1987).

Fische

Die primitivsten Funde fischähnlicher Tiere treten nach ersten Resten im Ordovizium dann im Silur und Devon häufig und in guter Erhaltung auf. Diese Ostracodermen (»Knochenhäuter«) trugen ein knöchernes Außenskelett mit einer Kopfregion, die noch keine Kieferknochen besitzt (Abb. 52). Der Mund dieser »Kieferlosen« (Agnathen) war also nur eine einfache, noch nicht zum Beißen eingerichtete, den nahrungsbringenden Wasserstrom vermutlich einsaugende Öffnung. Eine Wirbelsäule scheint noch nicht ausgebildet gewesen zu sein. Dagegen entdeckte der schwedische Forscher Stensiö 1927 im Schädelbereich dieser kleinen kieferlosen Wassertiere zu allgemeiner Überraschung dicht unter dem Außen- noch ein knöchernes Innenskelett (Endocranium), wie es den meisten höheren Wirbeltieren zukommt. Man hätte bei so alten primitiven Chordaten allenfalls ein knorpeliges Innenskelett erwartet, wie bei den Haien und bei heutigen Wirbeltierembryonen. Nun aber zeigte es sich, daß auch innerer Knochen ein älterer Besitz ist, als man zuvor ahnen konnte. Diese Schädelinnenkapsel ist manchmal erstaunlich gut erhalten (Abb. 52). Es gelang Stensiö sogar, mit Hilfe von feinster Nadelpräparation und Serienschliffen den Gehirnraum samt Gefäßen und Nerven teils freizulegen, teils zu rekonstruieren, so daß der Ge-

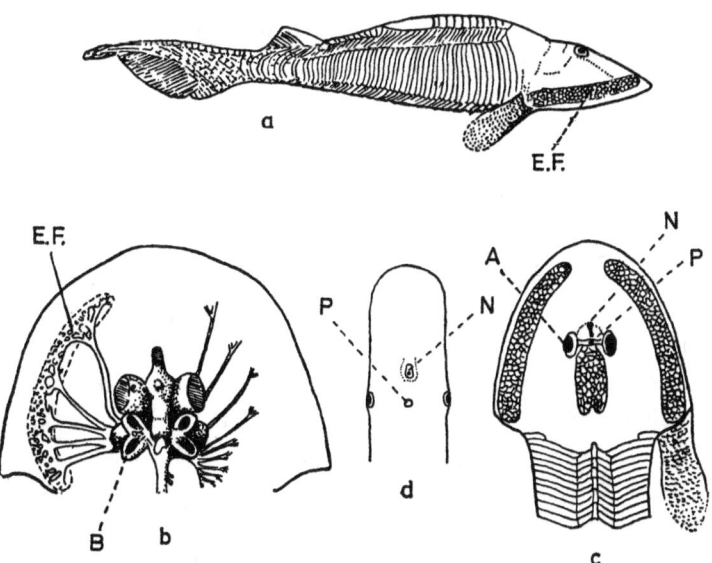

Abb. 52. Fossile und rezente Kieferlose (Agnathen). *a Hemicyclaspis,* ein Cephalaspide des Silurs, Rekonstruktion von der Seite; *c* Kopfpanzer von oben; *b* Schädelinneres eines Cephalaspiden *(Kiaeraspis):* links elektrisches Feld mit Nerven, in der Mitte Gehirn mit zweibogigem Labyrinth, rechts Kopfnerven; *d* Neunauge *Petromyzon,* Kopf von oben. A Auge, B Bogengang des Labyrinths, E. F. Elektrisches Feld, N Nasenöffnung (Naso-Hypophysen-Öffnung), P Pinealauge. – Cephalaspiden = eine Gruppe der Ostracodermen.

hirnbau dieser alten kieferlosen Fische besser als bei manchen heutigen Tieren bekannt ist. Er entspricht in wesentlichen Zügen, z. B. im Bau der dem inneren Ohr angehörenden Bogengänge des Labyrinths, den schon erwähnten heutigen Rundmäulern, die ebenfalls keine Kiefer besitzen. Diese müssen deshalb Verwandte jener alten Ostracodermen des Devons sein. Vielleicht lebten sie damals schon neben den skelettragenden Formen. Wahrscheinlicher ist es, daß sie aus solchen durch Rückbildung des knöchernen Außen- und Innenskeletts hervorgingen. Die damit verbundene Unmöglichkeit weiterer Überlieferung im Gestein hat aber zur Folge, daß die devonischen Vorfahren von den fast skelettlos gewordenen Nachkommen nun durch eine scheinbare Zeitlücke von rund 350 Jahrmillionen getrennt sind.

Auch das Erstauftreten der Ostracodermen im Ordovizium dürfte von den Möglichkeiten der Überlieferung abhängig gewesen sein. Denn wenn sie damals als die ersten Kieferlosen plötzlich »fertig« da waren, so kann der Naturwissenschaftler trotzdem nicht mit plötzlicher »Erschaffung« rechnen. Es ist vielmehr auch hier wahrscheinlich (vgl. S. 76), daß die Überlieferung auch nach unten nur deshalb »abreißt«, weil die Vorfahren noch kein knöchernes Skelett besaßen. (Eine andere Deutung geht dahin, daß die ältesten knochentragenden Kieferlosen reine Süßwasserbewohner gewesen seien, daß wir jedoch aus diesen ältesten Formationen des Erdaltertums bisher nur marine Schichten kennen. Aber auch dann müssen sie ihr Skelett irgendeinmal erworben haben.) Das Skelett und insbesondere der äußere Panzer zeigt sich also in der Lebensgeschichte dieser Tiergruppe als ein nur zeitgebundener Besitz, so wie die Panzer der mittelalterlichen Ritter. In jener umgrenzten Zeit beruhte das Gleichgewicht zwischen der Existenz der z. T. träge am Boden der Gewässer wohnenden Ostracodermen und ihrer Umwelt, in der große Wasserskorpione (Eurypteriden) ihre besonderen Feinde gewesen sein dürften, auf der Schutzfunktion des Panzers. Als diese Feinde dann ausstarben, verlor er seine Bedeutung. Die Auslese ließ deshalb nun Formen zur Vorherrschaft gelangen, in denen sich die Panzer zurückbildeten, während die damit verbundene Steigerung der Beweglichkeit neuen Schutz zu gewähren und jenes Gleichgewicht also auf neue Weise zu sichern vermochte. Wenn demgegenüber bei den

Krebsen auch die schwimmenden Formen den Panzer bis heute behielten, so spricht das gegen jede Verallgemeinerung. Hier müssen sich im Zusammenspiel zwischen Organismus und Umwelt etwas andere Bedingungen ergeben haben, unter denen der Panzer gerade auch im Wasser, das ihn zu tragen helfen vermag, seine Rolle behielt.

Fragen wir, woher die (anfangs skelettlosen und dann skelettragenden) Chordaten überhaupt kommen, so scheint uns ihre Gliederung in Kopf und Rumpf zunächst auf kopftragende Wirbellose zu weisen, besonders auf die Gliedertiere (mit dem dort oft vorhandenen Chitin-Skelett). Es hat sich jedoch gezeigt, daß diese auf Grund ihrer embryonalen Entwicklung zu den Urmündern (Protostomiern) gehören, die Chordaten dagegen zu den Neumündern (Deuterostomiern) (S. 82). Diesen Neumündern gehören im Bereich der Wirbellosen vor allem die Graptolithen (?), die Stachelhäuter (Echinodermen) und die Manteltiere an. Nun besitzen jugendliche Manteltiere im hinteren Körperabschnitt eine Chorda (Hemichordata). Sie haben also, wahrscheinlich als ein zur Seßhaftigkeit übergegangener Seitenzweig (vgl. die Korallen S. 73), mit noch unbekannten, ausgestorbenen, primitiven Chordaten zu tun. Als Bindeglied zwischen jenen kopflosen und den kopftragenden Chordaten läßt sich das Lanzettfischchen *Branchiostoma* auffassen, das z. B. im Sand der Nordsee lebt und, selbst noch ohne eigentlichen Kopf, einen den ganzen Körper durchziehenden Chorda-Strang besitzt. Es ist klar, daß alle solche des Knochens noch entbehrenden Ur-Chordaten fossil nicht erhaltungsfähig waren und deshalb nur aus der heutigen Lebewelt bekannt sein können, soweit sie überhaupt noch existieren.

Der nächste Fortschritt nach der Entstehung des knöchernen Skeletts der Ostracodermen war die Bildung eines Kieferbogens, wie er erstmals den eben dadurch

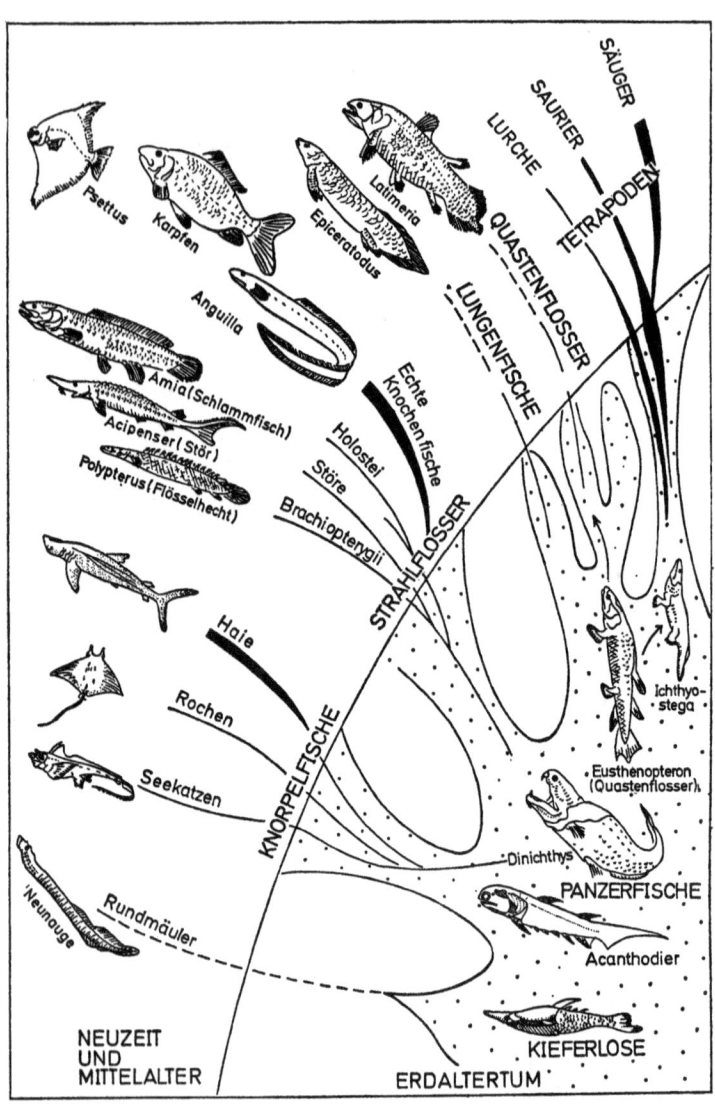

Abb. 53. Entfaltung der Wirbeltiere (I) von den Kieferlosen bis zu den landbewohnenden Vierfüßern (Tetrapoden). *Latimeria* ist einziger heutiger Quastenflosser (ohne innere Nasengänge; nach von Wahlert 1968 primitiv gebliebene Form).

fortgeschrittenen vielgestaltigen *Panzerfischen* (Placodermen i.e.S.) zukam. Der Kieferbogen, und damit die Entstehung eines beißenden oder schnappenden Maules an Stelle der einfachen Mundöffnung, ging aus der Umwandlung eines der vorderen Kiemenbögen der kieferlosen Fische hervor. Die Stützknochen dieses Kiemenbogens änderten, so läßt sich vorstellen, ihre Lage, Gestalt und Funktion und wurden zu den Knochen der Ober- und Unterkiefer. Wir können die Entstehung allerdings am fossilen Material bisher nicht unmittelbar verfolgen. Die Abzweigung aus den noch kieferlosen Vorfahren heraus dürfte sich schon zu einer Zeit vollzogen haben, aus der uns noch kein Überlieferungsgut vorliegt. Die kiefertragenden Panzerfische lebten deshalb schon zu gleicher Zeit mit den kieferlosen Ostracodermen, überlebten diese allerdings noch bis in die Karbonzeit. Sie zumal waren eine vielgestaltige Gesellschaft teils schmaler hoher, teils flacher breiter Formen, gepanzerte Ritter vor allem der devonischen Meere, in denen es neben vielen kleinen Vertretern Riesenformen bis zu vielen Metern Länge gab. In der Regel waren noch keine echten Zähne, sondern nur zahnähnliche Höcker oder Fortsätze der Kieferknochen vorhanden. Zum ersten Male treten nun auch im Bereiche der Chorda knöcherne Elemente, also beginnende Wirbelbildungen, auf. Damit aber tritt zu dem Außenskelett des Körpers ein knöchernes inneres Achsenskelett, das von nun an immer mehr an Bedeutung gewinnt. Das Wirbeltier im eigentlichen Sinne erscheint also erst mit diesen kiefertragenden Panzerfischen auf der Bühne des Lebens. Neben den Panzerfischen lebten, sogar bis ins Perm, die mit Flossenstacheln und einem Kleid von kleinen rhombischen Schuppen ausgestatteten *Acanthodier* (Abb. 53). Sie können vielleicht als die (stammesgeschichtliche?) Vorstufe der *Knorpelfische* angesehen werden, zu denen die schon seit dem Devon bekannten Haifische sowie die seit dem Erdmittelalter (Jura) hinzutretenden Rochen und Seekatzen (Chimären) gehören[1]. Die Knorpelfische haben das Außenskelett (Schuppenkleid) bis auf Reste verloren, sind also nackt und besitzen ein rein knorpeliges Innenskelett. Die trotzdem nicht seltene Erhaltung dieses knorpeligen, also aus verhärtetem Bindegewebe bestehenden Skeletts oder seiner Teile rührt von organischem Einbau von Kalksalzen in den Knorpel her. Stammesgeschichtlich wurde hier der Knochen der Vorfahren entweder durch Knorpel ersetzt, oder aber stammen die Knorpelfische von einer eines knöchernen Skeletts von jeher entbehrenden und deshalb unbekannten Gruppe her.

Aus dem Ahnenbereich der Panzerfische gingen vermutlich auch die *Knochenfische* im weitesten Sinne hervor, in deren Innenskelett der Knochen seine Bedeutung mehr oder weniger behält oder auch steigert. Zunehmende Verknöcherung der Wirbelsäule zeichnet besonders die Strahlflosser aus, deren ältere, seit dem Devon bekannte Vertreter noch unverknöchert-knorpelige Wirbelkörper und ein Kleid aus dicken rhombischen Schuppen tragen (»Ganoidfische«, Abb. 54). Erst vom Jura an gehen aus ihnen die echten Knochenfische (Teleostei) mit völlig verknöcherter und daher voll erhaltungsfähiger Wirbelsäule und mit zarten knöchernen Rundschuppen hervor. H.-P. Schultze (1957) gelang es, an jurassischen Fischen die Anlage der »modernen« Rundschuppenstruktur unter der Ganoinlage zu entdecken,

---

[1] Die Meinungen darüber, ob die Knorpelfische, besonders die Haifische, direkt von den Acanthodiern abzuleiten seien, sind geteilt. Nach Ørvig (1962) stammen die Chimären von Placodermen, und zwar von der Gruppe der Arthrodiren ab, zu denen z. B. *Dinichthys* (Abb. 53) gehört. – Vorfahren der Chimären kennt man seit dem Oberdevon. Dazu gehören *Janassa* und *Menaspis* im permischen Kupferschiefer.

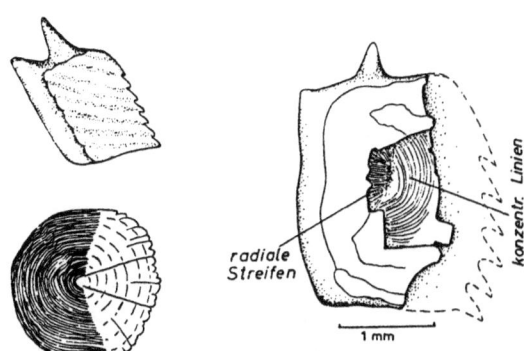

Abb. 54. *Links oben:* dicke mehrschichtige Schuppe eines mesozoischen Ganoidfisches, *links unten:* rein knöcherne Rundschuppe eines modernen Knochenfisches, *rechts:* Schuppe des jurassischen Ganoidfisches *Pholidophorus,* unter dessen Ganoinschicht (»Schmelz«) die Struktur der modernen Rundschuppe erscheint.

und zwar an bestimmten Partien des Schuppenpanzers jugendlicher Tiere (Abb. 54, rechts). Die künftige Entwicklung bahnte sich also in der Jugend an, ein Evolutionsmodus, bei dem die Natur umgekehrt wie bei der biogenetischen Grundregel verfährt und den wir als Proterogenese (Vorwegnahme später in der Evolution des Organismus herrschender Strukturen in der Jugend der Vorfahren; proteros = früh) bezeichnen. *Wie* es zu solchen Zwischenstadien kommt, ist unbekannt. Es ist einer der vielen Fälle, wo eine von jeder Theorie zunächst unabhängige Beobachtung vorliegt, die – auch wenn sie, wie hier, eine Theorie stützt – ihren vollen Wert in sich selbst hat. Das uns Fesselnde ist hier die so augenscheinliche Tatsache des Übergangs, nicht die Theorie.

Diese echten Knochenfische bilden heute mit weit mehr als 10 000 Arten die Mehrzahl aller das Meer und das Süßwasser bewohnenden Fische. Die Störe und einige andere Gruppen sind primitiver gebliebene Strahlflosser mit stärker knorpeligem Skelett.

Der Schritt an Land

Zu den Knochenfischen i.w.S. gehören auch die heute nur noch in vier Arten bekannten *Lungenfische,* deren Skelett jedoch weit knorpeliger als beim Gros der Strahlflosser ist. Sie besitzen ihren Namen von der Fähigkeit, Zeiten der Wassernot in den von ihnen belebten Flüssen der Südkontinente dadurch zu überstehen, daß sie bei geschlossenem Maul Luft durch innere, im Munddach mündende Nasengänge einatmen und einer paarigen, als Lungenblase dienenden Ausstülpung des Vorderdarms zuführen können, wobei die ebenfalls vorhandenen Kiemen vorübergehend außer Funktion gesetzt werden. Sie sind also Doppelatmer (lateinisch »*Dipnoi*«). Da altertümliche Lungenfische schon aus den unter aridem Klima abgelagerten Süßwasserablagerungen des nordeuropäischen und nordamerikanischen Devons bekannt sind, lag der Gedanke nahe, bei ihnen den Ursprung der Landwirbeltiere zu suchen.

Die paläontologische Forschung zeigte jedoch, daß mit ihnen zusammen noch eine offenbar verwandte zweite Fischgruppe lebte, die noch günstigere Voraussetzungen für eine solche stammesgeschichtliche Wurzel aufweist. Es sind die sogenannten *Quastenflosser,* deren Flossen sich durch ein starkes inneres Stützskelett auszeichnen, das sich insbesondere von dem viel schwächeren Flossenbau der Strahlflosser, aber auch von dem nur einachsigen Flossenskelett der Lungenfische unterscheidet (Abb. 56). Dadurch waren die Quastenflosser mehr als alle ihre Konkurrenten im Bedarfsfall zum Fortschieben des Körpers auf dem Land befähigt, um z.B. bei Trockenheit einen noch wasserführenden Nachbartümpel zu erreichen. Hielten entsprechende klimatische Verhältnisse durch lange Zeit an, so mußte die Auslese Tiere mit immer stärkeren Extremitäten bevorzugen. Das allein genügte aber nicht. Denn zu etwas längerem Aufenthalt an Land bedurfte es noch mehr als bei den Lungenfischen des Vermögens der Luftatmung.

Dazu diente auch ihnen als Atmungsorgan neben den Kiemen eine Lungenblase, die wahrscheinlich schon in der Frühzeit der (im Süßwasser entstandenen?) Fische unter Bedingungen periodischer Austrocknung angelegt wurde (Romer 1966). Bei den in beständigen Gewässern lebenden Strahlflossern wurde daraus dann die hydrosta-

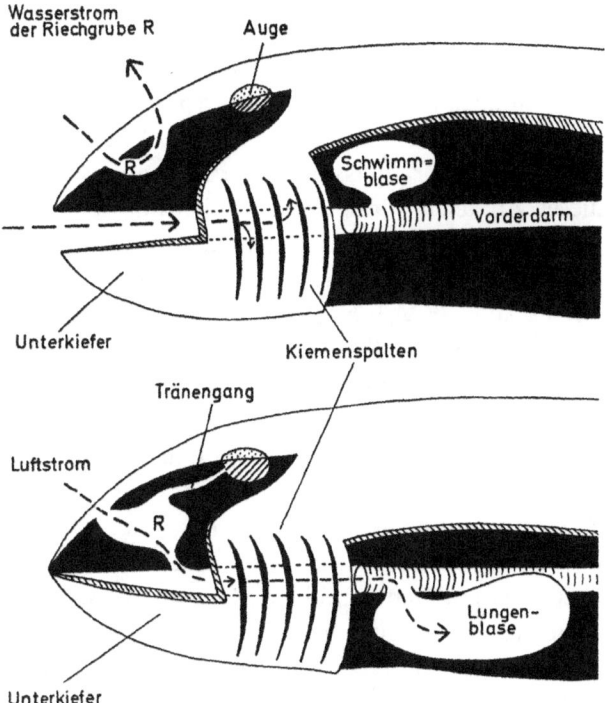

Abb. 55. Die Kiemenatmung der Fische (Nasenöffnungen führen nur zur Riechgrube) und die zusätzliche Lungenatmung der Quastenflosser; Erstanlage des Tränengangs, zunächst vielleicht der Reinigung des Auges dienend und zugleich organische Voraussetzung für eine der wichtigsten seelischen Ausdrucksmöglichkeiten des Menschen! (Schematisch).

tisch funktionierende Schwimmblase. Bei den devonischen Quastenflossern, deren Lungenblase zart verknöchert und dadurch fossil erhalten sein kann, bildeten sich außerdem innere Nasengänge (Choanen), die – in etwas anderer Weise als bei den Lungenfischen – von der Riechgrube der übrigen Fische zum Munddach führten und damit ebenfalls die Aufnahme von Luft bei geschlossenem Maul ermöglichten. Ein die Mundöffnung statt des Wasserstroms passierender Luftstrom hätte rasch zum Trockentod geführt.

Erst das Zusammentreffen mehrerer Eigenschaften also, nämlich stark gebaute Flossen, Besitz innerer Nasenöffnungen und Lungenblase konnte die Tiere über Trockenzeiten hinwegretten (Abb. 55, 56). Sie waren zugleich eine »Voranpassung« an das Landleben, ohne auf dieses zu zielen, wohl aber bei einschneidenderem Umweltzwang die ersten Schritte dafür zu ermöglichen.

Man fragt sich natürlich nach dem anfänglichen Zweck solcher Voranpassungen und dachte daran, daß die stark gebaute Flosse dem Staken am Gewässergrunde gedient haben könnte. Die Beobachtung von der noch lebenden *Latimeria* (s. Abb. 53) in mehreren hundert Metern Tiefe vor der Küste der Komoren, die 1987 einer Unterwasserexpedition des Max-Planck-Instituts für Verhaltensforschung glückte, zeigte davon allerdings nichts. Da die (innere Nasengänge entbehrende!) *Latimeria* aber einer anderen Familie der Quastenflosser als die unmittelbaren Vierfüßer-Vorfahren angehört, läßt sich daraus kein sicherer Schluß auf deren einstiges Verhalten ziehen. Im übrigen war die Begegnung mit diesem 1938 beim Fischfang erstmals entdeckten, fast 2 m langen lebenden Fossil nicht nur für die Expeditionsteilnehmer, sondern auch für alle ein großes Erlebnis, die seit 1987 über das Fernsehen oder in Filmvorträgen daran teilnehmen durften!

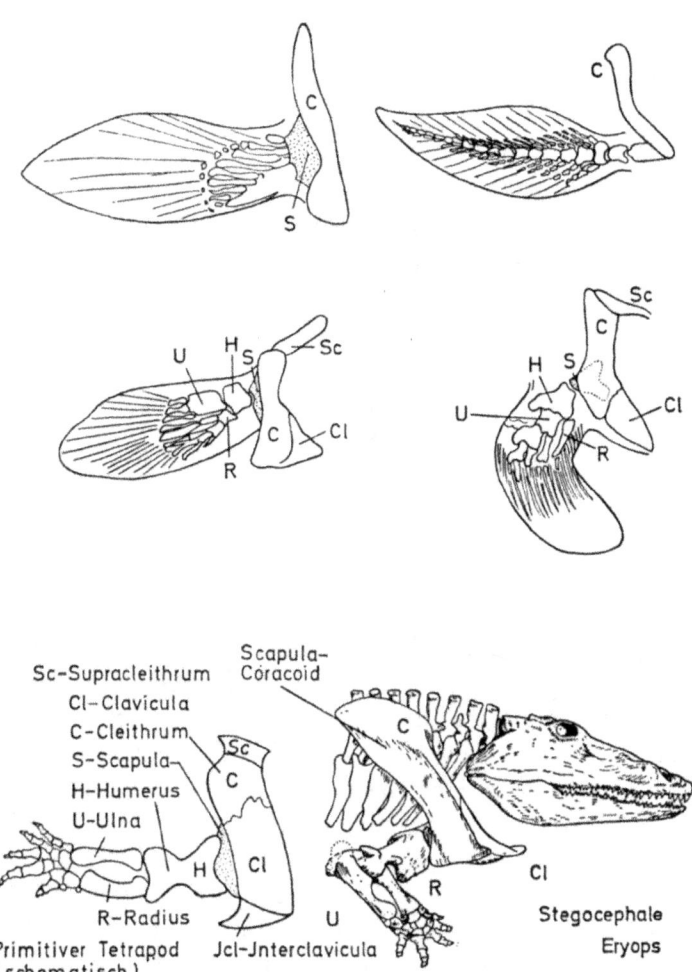

Abb. 56. Rechte Vorderextremitäten bei Strahlflossern *(Actinopterygiern)* - Lungenfischen *(Dipnoern)* – Quastenflossern *(Crossopterygiern)* – Lurchen.

Abb. 57. Quastenflosser *Eusthenopteron* beim »Schreiten« an Land.

Man versteht, daß die Selektion in kritischen Zeiten die oben erwähnten Eigenschaften förderte und so aus dem Fisch den Typus des Lurchs hervorgehen ließ. Welch ein »Glücksfall« aber, daß das mutative Geschehen ein solches Mosaik geeigneter Eigenschaften zur rechten Zeit zur Verfügung stellte! Es fällt unserem Denken schwer, sich hier ohne geheime Teleologie zufriedenzugeben.

Aus dem Oberdevon von Grönland kennen wir seit 1931 Skelette sehr primitiver Lurche *(Ichthyostega)*, die noch einen Fischschwanz besaßen, also Übergangsformen zu den landbewohnenden Vierfüßern darstellen. Der Bau ihrer fünfzehigen Extremitäten läßt sich z. B. in den Armknochen ohne Schwierigkeiten und in den Fingerknochen durch Annahme von Verwachsungen auf die Quastenflosser – bei denen es zunächst nach sieben Zehen und Fingern aussah – zurückzuführen (s. Abb. 56). Auch das Mosaik der Schädelknochen gleicht dem der Quastenflosser weiterhin. So ist *Ichthyostega* ein vorzügliches Bindeglied zwischen Fischen und Lurchen (Amphibien), ohne daß die Entwicklung unmittelbar über diese Tierform gegangen sein müßte (s. Abb. 53).

Der Schritt an Land (Abb. 57) war ein schwieriges Experiment der Natur. Neben der Lungenatmung war an Austrocknungsschutz der Haut zu »denken«, vor allem aber an Stärkung der Wirbelsäule und der Extremitäten, die durch kräftige Gürtelknochen mit jener in Verbindung gebracht werden mußten. Der Schultergürtel löst sich im Gegensatz zu den Fischen nun dadurch vom Hinterkopf, daß die Kiemen und die sie bedeckenden Knochen rückgebildet werden. Auf diese Weise entsteht zum ersten Male in der Geschichte der Wirbeltiere ein Hals. Auch das Becken, das bei den Fischen nur aus zwei einfachen, schwachen Knochenstäben bestand, erfährt nun auf beiden Körperseiten Ausbildung zu den plattenartigen Knochen von Pubis und Ischium (Scham- und Sitzbein) und dem zusätzlichen, mit einem Wirbel in Verbindung tretenden Ilium (Darmbein), an dem die Muskulatur für die Hinterbeine ansetzt.

Lurche

Mit dem Schritt an Land war für die Wirbeltiere das Tor zu einer neuen Welt aufgestoßen. Der bis dahin noch fast unbewohnte Bereich – auf dem zuvor nur die ersten Landpflanzen und einige Zweige der niederen Tierwelt, insbesondere der Gliedertiere, Fuß gefaßt hatten – bot ihrer weiteren Entfaltung vielfache Möglichkeiten. Die Lurche, die ja bis heute in der Jugend an das Wasser gebundene Kiemenatmer sind, verloren zunächst im erwachsenen Stadium den Fischschwanz und waren geschwänzte, mit einem Gebiß aus spitzen Zähnen versehene Tiere, deren flaches, langgestrecktes oder auch kurzbreites Schädeldach nur von den

Abb. 58. Lurchskelett *(Eryops)*, ein Stegocephale aus dem Perm Nordamerikas. Länge fast 2 m.

Nasen- und Augenöffnungen durchbrochen war (»geschlossenes Schädeldach« der *Stegocephalen,* Abb. 58). Nach dem verschiedenen Bau der Wirbelsäule, genauer nach der verschiedenen Art, wie sich die Chorda im individuellen Lebensverlauf (der Ontogenese) der Tiere mit Knochenstücken umgibt, welche die Wirbel zusammensetzen, lassen sich verschiedene Gruppen der Lurche unterscheiden, die heute in der Mehrzahl längst ausgestorben sind.

> Die heutigen Schwanzlurche sind die Überlebenden einer Sondergruppe. Zu ihnen gehört der in der Geschichte der Paläontologie berühmte *Andrias scheuchzeri,* dessen Skelette aus rund zehn Millionen Jahre alten jungtertiären Süßwasserablagerungen bekannt sind. Funde von Öhningen am Bodensee wurden 1727 von dem Züricher Stadtarzt Johann Jakob Scheuchzer, in dessen Hand sie gelangten, als Skelette von Menschen beschrieben, die der Sintflut zum Opfer gefallen seien. Scheuchzer hat diese Deutung auch in einem von ihm unter dem Titel »Physica sacra« herausgegebenen Werk veröffentlicht, in dem er die biblischen Texte durch danebengestellte Texte und Bilder aus dem naturwissenschaftlichen Bereich zu untermauern versuchte. Der ihm dabei mit den Öhninger Lurchskeletten unterlaufene grobe Irrtum geschah im Zeichen des Zeitgeistes der Aufklärung. Wir sollten da-

für, auch wenn wir uns eines Lächelns nicht erwehren können, Verständnis haben. Denn auch wir sind bis hinein in das wissenschaftliche Deuten oft abhängig von zeitgebundenen Denkweisen, und das Scheuchzerhorn im Berner Oberland rühmt trotz dieses Irrtums noch heute zu Recht den Namen jenes in der Früherforschung der Alpen hochverdienten Züricher Arztes.

Erst der große Anatom Cuvier, dessen Denkmal in seiner damals württembergischen Geburtsstadt Mömpelgrad (Montbéliard) im Sundgau steht, wies die Form 1811 endgültig den Lurchen zu. Der Name *scheuchzeri* stammt (als *Salamandra scheuchzeri*) aus dem Jahre 1831, der Gattungsnahme Andrias erst aus dem Jahre 1837, in dem zugleich auch der offensichtlich verwandte japanische Riesensalamander *Megalobatrachus japonicus* bekannt wurde, der dort noch heute in Bergflüssen lebt. Die gleiche Lebensweise führt eine nur in den Weichteilen unterschiedene Unterart im südlichen China. Ein Vergleich der rezenten Skelette Ostasiens mit den fossilen Skeletten Europas (Westphal 1958) ergab völlige Übereinstimmung des freilich auffallend variablen Knochenbaus, so daß nun beide zu der einen Art Andrias scheuchzeri zusammengefaßt werden können. Wir haben hier also den überraschenden Fall vor uns, daß eine Art zehn Millionen Jahre überdauert hat, was im Bereich der vierfüßigen Wirbeltiere eine Ausnahme darstellt. Dabei mußte sie freilich den größten Teil ihres einst weiten, eurasiatischen Verbreitungsgebietes inzwischen aufgeben. Wir erinnern uns an das gleiche Schicksal des Ginkgobaums (S. 62). Im südlichen Nordamerika lebt noch eine weitere, als *Cryptobranchus* bekannte Gattung.

Die Kröten und Frösche sind ein erst seit dem Mesozoikum bekannter und in besonderer Weise an das Springen angepaßter Entwicklungszweig, der vermutlich von den ausgestorbenen Stegocephalen abzuleiten ist.

Saurier

Es ist systematisch möglich, wenn auch nicht üblich, einen Teil der fossilen Lurche schon zu den Sauriern zu rechnen. Der Übergang zwischen diesen, zumal im Bau der Weichteile heute klar unterschiedenen, Tierklassen vollzog sich in der Umbildung des Skeletts während der Karbon- und Permzeit allmählich. Die primitven Saurier übernahmen die wichtigsten anatomischen Züge der Lurche auch in ihr Skelett: das »geschlossene« Schädeldach mit dem spitzzähnigen Gebiß sowie die vier mit fünf Fingern und Zehen versehenen, niederbeinigen Extremitäten. Im Wirbelbau aber kam es zu einer Vereinheitlichung: Während es bei den Lurchen verschiedene Weisen gibt, wie sich die Wirbel aus knöchernen, die Chorda ummantelnden und umhüllenden Teilstücken zusammensetzen, ist bei den Sauriern nur eine dieser Möglichkeiten übriggeblieben (»gastrozentraler« Wirbelbau). Mit einem Vergleich aus der Technik könnte man sagen, daß die Natur aus einer Anzahl früherer Versuchsserien für die eingeleitete »Neuentwicklung« nur einen Modus des Wirbelbaues wählte. In Wirklichkeit ist es aber eher so, daß dieser Modus, ohne daß er in technischer Hinsicht besondere Vorteile erkennen ließe, mit gewissen mutativen Veränderungen gekoppelt war, die u.a. eine Zurückdrängung des kiementragenden Jugendstadiums und damit eine zunehmende Unabhängigkeit vom Wasser mit sich brachten, – der Vorteil lag also in anderem Bereich.

Die Saurier (saurós griech. = Echse) ließen bald eine Gestaltungsfreudigkeit erkennen, die ihre lurchartigen Vorfahren bei weitem übertraf. Sie blieben zwar während der Permzeit durchweg niederbeinige, wenn auch keineswegs in strengem Sinne »kriechende« Reptilien; aber bizarre Dornfortsätze als Träger eines hohen stacheligen

Hautkammes einerseits und andererseits der Beginn einer Panzerbildung, die zu den Schildkröten führte, verliehen ihnen schon eine sehr verschiedenartige Erscheinung.

Die *Schildkröten* haben sich das geschlossene Schädeldach als ein im Bereich der Saurier urtümliches Merkmal bis in die Gegenwart erhalten. Mit Sicherheit und in bereits charakteristischer Erscheinung sind sie seit der Oberen Trias bekannt. Eine Spezialisation liegt neben der Panzerbildung in ihrer Zahnlosigkeit und dem Ersatz des Gebisses durch Hornscheiden. Es ist dabei von besonderem Interesse, daß die ältesten uns überlieferten Schildkröten aus dem süddeutschen Keuper auf den Gaumenknochen noch Zähne und in den Kieferknochen selbst wenigstens noch innere Zahnanlagen besaßen. Der aus Knochen- und Hornplatten bestehende schützende Panzer stellt bei den auf dem Lande lebenden Schildkröten eine erhebliche Last und zugleich Einschränkung der Bewegungsmöglichkeit dar. Es gibt aber seit der Jurazeit meerbewohnende Schildkröten, deren Panzer sich in zunehmendem Maße in Spangen auflöste und zurückbildete. Denn für das Schwimmen im Meer war er zu beschwerlich; hier wurde deshalb die Schutzfunktion, die er besessen hatte, von der mit seiner Reduktion verbundenen größeren Beweglichkeit übernommen (vgl. S. 128, 149).

Dieser Rückweg der Schildkröten ins Wasser war nicht der erste und nur einer von mehreren ähnlichen Fällen im Reich der Saurier. Denn während die Natur mit deren Entfaltung auf dem Lande alle Möglichkeiten auszuschöpfen suchte, indem sie nieder- und hochbeinige, fleisch- und pflanzenfressende, schwerfällige und leichtfüßige Gestalten schuf, brachte sie daneben wiederholt auch solche hervor, deren Körpermerkmale auf eine Rückanpassung an das Wasserleben schließen lassen. Wir dürfen auch hier keinen von außen her veranlassenden

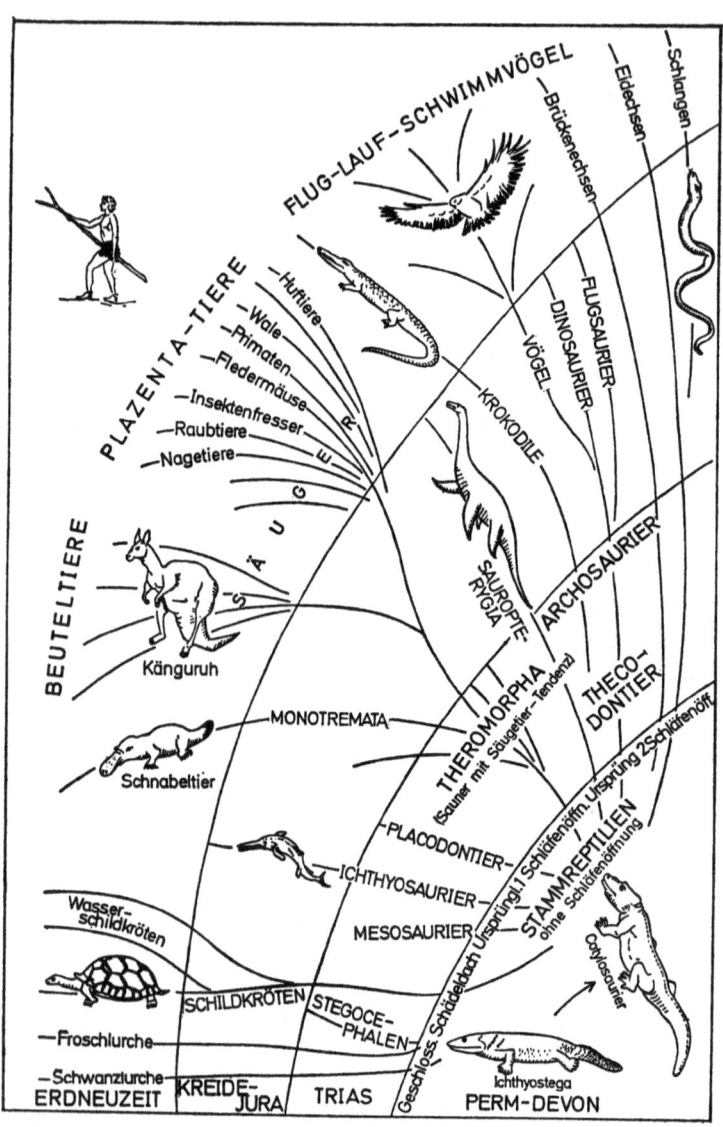

Abb. 59. Entfaltung der Wirbeltiere (II) von den Lurchen bis zu den Säugetieren. Dinosaurier = Saurischier und Ornithischier der Abb. 66. Zu den Schläfenöffnungen vgl. Abb. 64. Flugsaurier älter, s. S. 158.

Zwang in lamarckistischem Sinne annehmen, sondern immer nur ein Ergreifen der gebotenen Möglichkeiten nach Maßgabe der Formen und der damit gegebenen möglichen Funktionen, welche durch Gestaltung und Umgestaltung im organischen Reich immer von neuem zur Verfügung gestellt wurden. Und so »verfügt« also auch das Wasser, das Meer, über Vertreter der höheren Wirbeltierwelt, die damit auch jenem Element ihren Tribut zollte – obwohl die Entstehung der vierfüßigen höheren Wirbeltiere doch gerade mit der Auswanderung aus jener das Leben einst gebärenden Urheimat des Wassers verbunden war. Das trotz aller Schwierigkeiten gelungene Experiment der Natur, mit dem sie den Wirbeltieren den Schritt an Land ermöglichte, wurde von ihrer ruhelosen Schöpferkraft – eine Formulierung, die über die naturwissenschaftliche Erkenntnis hinausgreift – für einen Teil der Landbewohner wieder rückgängig gemacht. Nachfahren von Wassertieren wurden selbst wieder Vorfahren von solchen (Abb. 59).

Der älteste dem Leben in flachem Wasser wieder angepaßte Entwicklungszweig umfaßte die kleinen, mit einem Zahnrechen ausgestatteten *Mesosaurier,* die sich im Unteren Perm Südafrikas und Südamerikas finden und als Bewohner flachen Wassers zugleich auf größere geographische Nähe oder Verbindung der heute so weit und durch ozeanische Tiefen getrennten Erdteile in der damaligen Zeit weisen. Von altertümlichen permischen Sauriern leiten sich wohl auch die *Fischsaurier (Ichthyosaurier)* ab, deren Skelette man insbesondere aus den ölhaltigen Schiefern des süddeutschen und englischen Lias in vielen Museen der Welt trifft. Wir kennen die Frühformen, deren Skelettbau die beginnende Anpassung an das Wasserleben erkennen lassen müßte, noch nicht. Erst im Muschelkalk treten sie als ziemlich »fertige« Meerestiere in Erscheinung: Der Körper hat Stromlinienform und da-

Abb. 60. Ichthyosaurier *Stenopterygius quadriscissus* mit fossiler Haut und Muskulatur; an das Wasserleben vollkommen angepaßtes Reptil. Oberer Lias, Holzmaden 1,2 m lang.

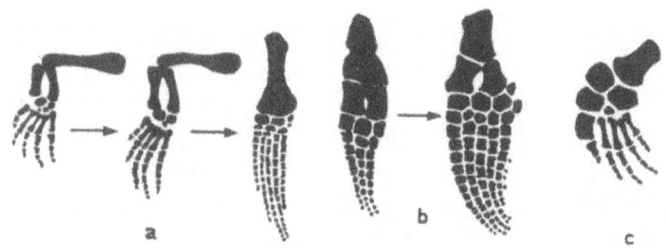

Abb. 61. Fortschreitende Wasseranpassung von Sauriern, dargestellt an der Umbildung der Hinterextremitäten *(a)* bzw. Vorderextremitäten *(b–c)*. *a* Sauropterygier *Lariosaurus* (Trias) – *Ceresiosaurus* (Trias) – *Trinacromerum* (Oberkreide); *b* Ichthyosaurier *Merriamia* (Trias) – *Mixosaurus* (Trias); *c* Meerkrokodil *Geosaurus* (Oberjura), ähnlich *Metriorhynchus*, s. Abb. 66.

mit Fischgestalt angenommen, die Gliedmaßen sind durch plattenartige Verkürzung der Arm-, Hand- und Fingerknochen (bzw. der entsprechenden Knochen der Hinterextremität) sowie durch Vermehrung der Fingerglieder zu Rudern geworden (Abb. 61b), während der abgeknickte, lange Schwanz eine senkrecht gestellte, propellerförmige Schwanzflosse trug. Dazu trat noch – auffallenderweise, da ohne denkbare Vorbereitung zu Lande – eine Rückenflosse, wie wir aus den zuweilen mit Haut erhaltenen Exemplaren aus dem Schwäbischen Lias (Holzmaden) wissen. Skelette mit noch ungeborenen Jungtieren im Mutterleib beweisen, daß die Jungen lebendig geboren wurden. Darin ist keineswegs eine säugetierhafte Eigenschaft, vielmehr ebenfalls nur eine Anpassung an das Leben im Meer zu sehen, in dem die Eier anders als bei den landbewohnenden Vorfahren nicht mehr abgelegt und von der Sonnenwärme ausgebrütet werden konnten: Die Eihüllen mußten deshalb schon im Mutterleib zur Sprengung gebracht werden. Andere Merkmale der saurierartigen Organisation blieben auch nach der Rückkehr ins Meer erhalten, so die Atmung durch Lungen, die zur Aufnahme großer Luftmengen für das Tauchen einen umfangreichen Brustkorb mit langen Rippen erforderten. Tieftauchende Wale haben allerdings wegen der mit der Kompression verbundenen Gefahren besonders kleine Lungen (Slijper 1962).

Im Gegensatz zu den Fischsauriern übersehen wir den Rückweg einer anderen Gruppe ins Wasser von Anfang an, nämlich denjenigen der *Sauropterygier*, d.h. »Flossensaurier«, ein Name, der an sich auch auf die Fischsaurier zutreffen würde. Er gilt aber den zwar mit Flossen ausgestatteten, der Fischgestalt aber entbehrenden Formen, zu denen als schon völlig dem Meer angepaßte die *Plesiosaurier* (Schlangenhalssaurier, Abb. 59) gehören, deren langer Hals beim Beutefang im Wasser einer Angel vergleichbar ist. Schwanzknick und Schwanzflosse sind dagegen nicht vorhanden. Diese Tiere brauchen zur raschen Fortbewegung deshalb größere paarige Flossen und zum Ansatz ihrer Muskulatur große, plattenförmige Gürtelknochen, wie sie den Ichthyosauriern fehlen. In Fischsauriern und Schlangenhalssauriern haben sich also zwei verschiedene Möglichkeiten der Anpassung an das Meeresleben verwirklicht und zu recht verschiedenen Anpassungsgestalten geführt. Nur die Form der Flossen geriet bei den Plesiosauriern ähnlich (griech. = plesíos) den Ichthyosauriern. Bei den frühen Sauropterygiern aber, die wir vor allem von den berühmten Grabungen in den triassischen Ölschiefern des Monte San Giorgio im Südtessin kennen, läßt sich die beginnende Anpassung der Extremitäten an das Wasserleben im einzelnen verfolgen, indem sich hier zunächst nur eine Vermehrung der Glieder einzelner Finger- oder Zehenstrahlen um ein bis zwei Elemente zeigt (Abb. 61a).

Kuhn-Schnyder (1967) entdeckte am Hinterschädel eines Sauropterygiers des Muschelkalks (Simosaurus) überraschenderweise das Merkmal eines Ohrschlitzes, in dem ein Trommelfell ausgespannt gewesen sein muß. Da dieses Merkmal anderen primitiven Sauriern fehlt und nur von Amphibien bekannt ist, schließt Kuhn-Schnyder auf selbständige Abkunft der Sauropterygier von den karbonzeitlichen Amphibien und hält es auf Grund anderer Indizien für wahrscheinlich, daß auch die Schildkröten und die Ichthyosaurier die Grenze von den Lurchen zu den Sauriern (Reptilien) auf eigenen Evolutionswegen überschritten haben. Die Reptilien wären demnach keine stammesgeschichtliche, aus einer Wurzel hervorgegangene Einheit, sondern entsprächen einem auf parallelen Bahnen durchschrittenen Stadium. Damit ist erneut die alte Frage der Ein- bzw. Vielstämmigkeit (Mono- und Polyphylie) der großen systematischen Einheiten aufgeworfen. Wir lassen sie offen, wobei unsere Abb. 59 mehr der klassischen monophyletischen Auffassung Ausdruck verleiht. Doch spricht in der Tat auch manches für Polyphylie, deren überzeugtester Vertreter heute der schwedische Forscher E. Jarvik (1980) ist. Man kann sich allerdings fragen, ob sich aufgegebene altertümliche

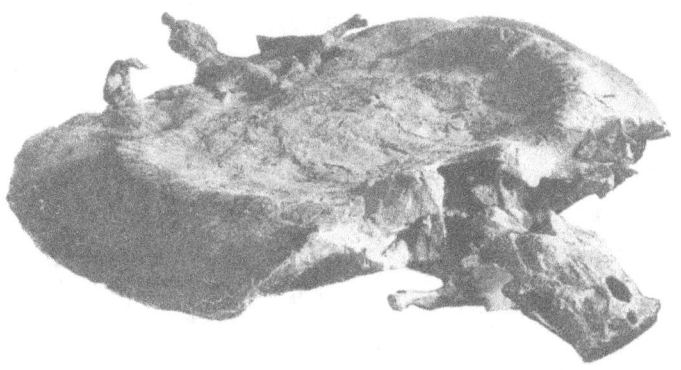

Abb. 62. Der gepanzerte »Einzahnsaurier« *Henodus chelyops* (d.h. schildkrötenähnlich) aus dem obersten Gipskeuper (Mittl. Trias) von Lustnau bei Tübingen. Länge 1 m.

Merkmale nicht da und dort später von neuem einstellen konnten.

Eine weitere, den Meeren und Lagunen der Triaszeit angepaßte Gruppe sind die Pflasterzahnsaurier *(Placodontier)*, deren schwarzglänzende runde und zum Knacken von Schaltieren geeignete Zähne sich nicht selten in den Steinbrüchen des Muschelkalks finden. Sie zeigen wie die Schildkröten die Tendenz zur Bildung eines Hautpanzers, der aber anders als bei jenen während des Wasserlebens beibehalten und weiter verstärkt wird. Bei den Placodontiern ist indessen die Anpassung der Extremitäten an das Wasserleben auffallend gering. Sie dürften deshalb anderen Meersauriern gegenüber in der Fluchtgeschwindigkeit benachteiligt und daher mehr als diese auf Panzerschutz angewiesen sein. Ihr letzter Vertreter *Henodus* hat einen gewaltigen, in der Tat schildkrötenähnlichen Bauch- und Rückenpanzer von einem knappen Meter Durchmesser (Abb. 62). Er ist durch acht Skelette bekannt, die einem Zufallsfund und anschließenden Grabungen bei Tübingen zu verdanken sind und sonst bisher

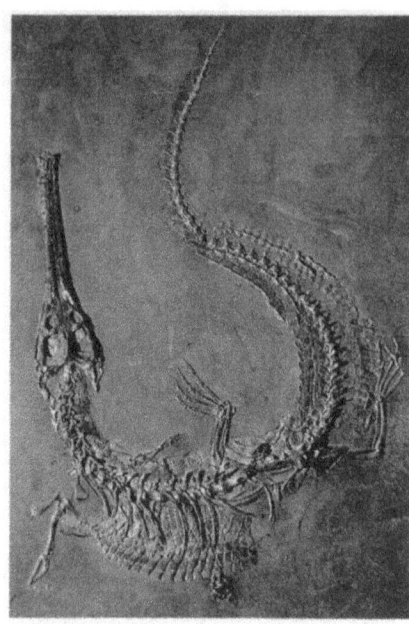

Abb. 63. *Steneosaurus bollensis*, Krokodil aus dem Lias-Ölschiefer von Ohmden bei Holzmaden. Unten ein Häufchen Magensteine, die wie beim Vogel Strauß der Verdauung zwischen den muskulösen Magenwänden dienten. Länge des Tieres 2,7 m.

nirgends angetroffen wurden. Welch ein Beispiel für die Lückenhaftigkeit der Überlieferung, und welch eine Aussicht für den freilich wohl utopischen Fall, daß wir die Berge einmal auf Fossilien durchleuchten könnten! Der Name *Henodus* = »Einzahn« bezieht sich auf das auf einen Zahn in jedem Kiefer rückgebildete Gebiß (es ist der hinterste, umgekehrt wie bei uns Menschen, wo die auch hier schon eingeleitete Gebißreduktion bei den »Weisheitszähnen« beginnt). *Henodus* nährte sich als wohl träger Flachwasserbewohner mit schwachen Extremitäten von kleinen Muscheln und Muschelkrebschen salziger Lagunen, deren Schälchen sich im Gestein mit seinen Skeletten zusammen finden, und die er mit seinen restlichen Pflasterzähnen eben noch zu zermahlen vermochte. Wir haben hier einen vielleicht auf das germanische Triasbecken beschränkten Entwicklungszweig vor uns, der mit solcher Lebensweise seiner Umwelt zwar gut angepaßt, aber auch zu spezialisiert war, um deren Veränderungen gewachsen zu sein, so daß er bald erlosch.

Eine weitere – fünfte! – Meeresanpassung vollzog sich in der Jurazeit bei den seit der Trias spärlich bekannten und zunächst landbewohnenden *Krokodilen* (Abb. 63). Sie erscheinen im Mittleren Lias als noch wohlgepanzerte Bewohner vermutlich der Flußmündungen und Küstenbereiche des Liasmeeres, wobei ihre Kadaver weiter draußen eingebettet werden konnten. Später, aus dem Oberen Jura, ist eine nicht mehr gepanzerte Gruppe mit abgeknicktem Schwanz bekannt, der auf den Besitz einer Schwanzflosse hinweist. Zugleich zeigen sich in der Vorderextremität die Oberarm- und Unterarmknochen sowie die Glieder des ersten Fingers plattig verkürzt (Abb. 61c), während die übrigen Fingerknochen sowie das Skelett der Hinterextremität von dieser Umbildung noch nicht betroffen sind. Wir sehen hier den gleichen Umwandlungsvorgang in die Wege geleitet, der uns bei den Fischsauriern in seiner Vollendung überliefert, in solchem Anfangs- und Übergangsstadium dort aber noch nicht bekannt ist. Er muß also, so dürfen wir ohne Wagnis schließen, auch dort noch zu entdecken sein. Bei den jurassischen Meerkrokodilen wurde dagegen die Vollendung der Wasseranpassung nie erreicht. Sie starben aus unbekannten Gründen schon bald nach der Jurazeit aus, ohne über diese Teilanpassung hinauszugelangen. – Aus den Meeren der Oberkreide sind noch die *Mosasaurier*, große mit Flossen ausgestattete Meersaurier, zu erwähnen, die abermals anderer Herkunft waren, indem sie der Verwandtschaft der Eidechsen und Schlangen angehörten.[1]

---

[1] Mosa = Maas, Erstfunde bei Maastricht.

Von meerangepaßten Sauriern gibt es heute nur die *Meeresschildkröten*, die der Mensch auf ihrem zur Eiablage im Küstensand notwendigen Landgang bzw. auf dem Weg der ausgeschlüpften Jungen zum Meer bedrohlich dezimiert, sowie einige Seeschlangen von geringer Körpergröße und die küstenbewohnenden Meerechsen der Galapagos-Inseln. Manche Krokodile – deren Gestalt den gepanzerten Krokodilen der Jurazeit, abgesehen von Änderungen im Innenskelett, erstaunlich ähnlich blieb – leben auch heute in meernahen Flußmündungen.

Auch in der Vergangenheit stellten aber die ins Meer zurückgekehrten Saurier trotz ihrer Zugehörigkeit zu mehreren stammesgeschichtlichen Linien und trotz der Fundhäufigkeit besonders der Ichthyosaurier in manchen Gesteinsschichten insgesamt den selteneren Fall dar. Das Gros der Saurierwelt blieb dem von ihr und schon von den lurchartigen Vorfahren eroberten Lande treu und führte hier in der Trias-, Jura- und Kreidezeit, also im gesamten Erdmittelalter, zu einer Formenfülle, die derjenigen der späteren Säugetiere keineswegs nachsteht.

Wir müssen hier noch einmal an die Schildkröten (S. 142) mit ihrem von den vermutlich amphibischen Vorfahren übernommenen geschlossenen Schädeldach erinnern. Ein solches besitzt auch eine Gruppe karbon- bis triaszeitlicher Stammreptilien (s. Abb. 59) von oft plumper Gestalt, auf die hier nicht näher eingegangen werden kann. Aus ihnen ging in der Permzeit die zunächst kleinwüchsige Gruppe der *Eosuchier* (»Frühechsen«) hervor, deren Schädel sich hinter den Augenöffnungen zu beiden Seiten von zwei übereinander gelegenen »Schläfenöffnungen« durchbrochen zeigt (Abb. 64). Sie standen im Dienst der hier auf der Innenwand der Schädelkapsel verankerten und in diese Öffnungen eingreifenden Unterkiefermuskulatur, dienten also einer Verbesserung beim Beutefang. Aus den kleinen Eosu-

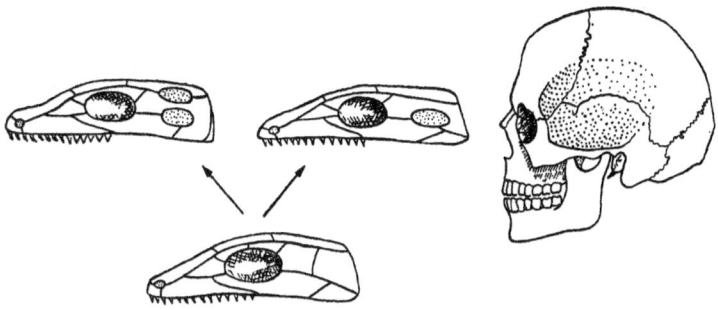

Abb. 64. Saurierschädel ohne, mit einer und zwei Schläfenöffnungen (punktiert). Die Säuger einschließlich Mensch übernahmen die eine Schläfenöffnung.

chiern entwickelten sich während der Triaszeit die größeren »Thecodontier«[1]. Zu ihnen gehören zahlreiche jungtriassische Landsaurier, z. B. des württembergischen Keupers. Eine Sonderrolle als einstige Flußbewohner spielen dabei die mit langer Schnauze ausgestatteten »Scheinkrokodile« des Stubensandsteins, die sich von echten Krokodilen u. a. durch einen anderen Verlauf der inneren Nasengänge unterscheiden. Es sind die *Phytosaurier* (»Pflanzensaurier«), ein für diese gewiß nicht pflanzenfressenden, sondern mit räuberischen Dolchzähnen bewaffneten Tiere unverständlich erscheinender Name. Er geht auf den ersten Fund 1826 im Keupersandstein des Neckartals nahe Tübingen zurück: ein Kieferstück mit scheinbar zylindrisch stumpfen, auf einen Pflanzenfresser weisenden Zähnen. In Wirklichkeit aber sind es, wie Quenstedt an dem in seiner Tübinger Sammlung liegenden Original

---

[1]Der Name weist auf eine neue Art der Befestigung der Zähne durch Einsenkung in den Kieferknochen hin (thäkä griech. = Behältnis). Mit den Thecodontieren beginnen die im Erdmittelalter herrschenden Archosaurier.

Abb. 65. Schädel des flußbewohnenden »Scheinkrokodils« *Mystriosuchus* aus dem Stubensandstein (Mittl. Keuper) von Kayh b. Herrenberg. Länge etwa 1 m.

später erkannte, keine Zähne, sondern die Füllungen (Sandsteinkerne) der Zahnalveolen, die sich nach dem Ausfall der Zähne bildeten und nach der diagenetischen Zerstörung des Knochens allein übrigblieben. Es ist also einer der Fälle, wo aus dem fossil veränderten Zustand allzu schnell auf die Organisation des lebenden Tieres zurückgeschlossen wurde (Abb. 65).

Aus den Thecodontiern gingen die *Saurischier* (»Saurier mit Echsenbecken«) und die *Ornithischier* (»Saurier mit Vogelbecken«) (Abb. 66) hervor. Jene brachten in der Jura- und Kreidezeit neben Raubtieren mit großem Schädel auch Pflanzenfresser mit kleinem Kopf hervor, diese – die Ornithischier – nur Pflanzenfresser, und in beiden Gruppen traten neben vierfüßig schreitende Formen solche, die durch Verkürzung der Vorderbeine zu zweifüßiger Fortbewegung übergingen: Känguruhgestalt unter den Sauriern! Neben zierlichen kleinen Schreittieren und gar kletternden Baumbewohnern gab es mehr als 10 Meter lange Zweifüßer und gar 25–30, ja über 40 Meter lange Vierfüßer. In dem Namen des vierfüßigen, pflanzenfressenden *Brontosaurus* aus dem nordamerikanischen Oberjura klingt die Vorstellung an, daß es gedonnert haben müsse (bróntos griech. = Donner), wenn solch ein Riese über die Erde schritt. (Jüngst wurde als bisher größter ein *Seismosaurus* beschrieben. »Ein Pulk dieser

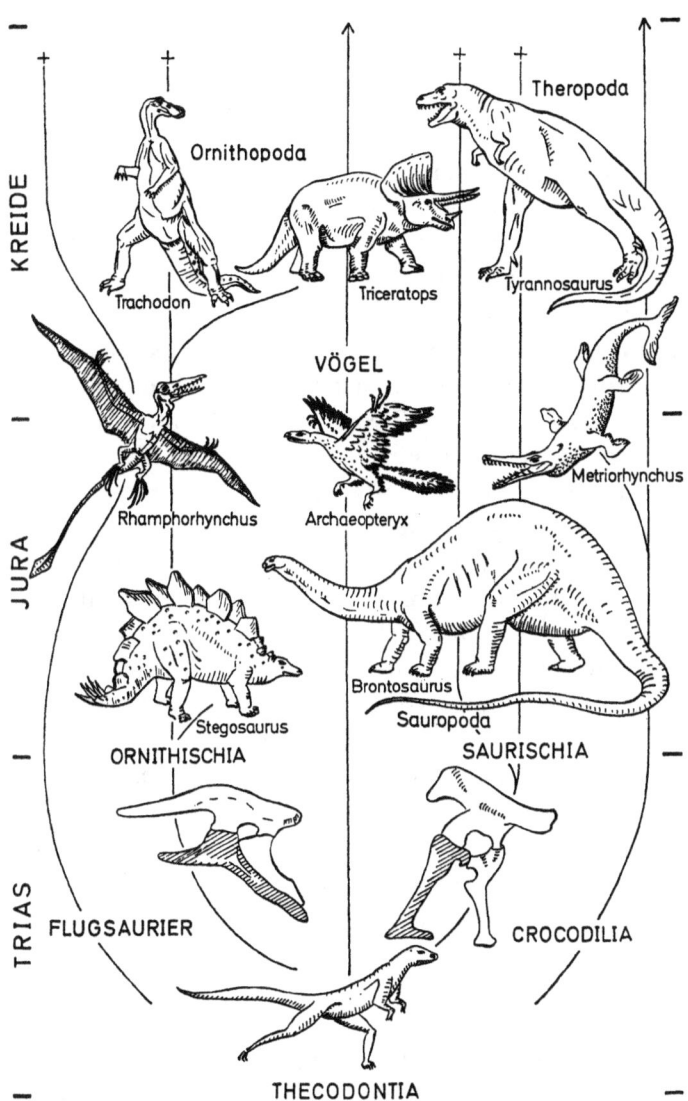

Abb. 66. Entfaltung der Archosaurier (s. Abb. 59). Sauropoda sind pflanzen-, Theropoda fleischfressende Saurischier. Ventrale Beckenknochen (Schambein schraff.) gewinkelt, bei Ornithischiern parallel. *Metriorhynchus* s. Abb. 61c. Permische Vorfahren der Thecodontier sind die Eosuchier. Herkunft der Vögel ungesichert. Archosaurier = einst »herrschende« Saurier (archós griech. = Herrscher).

Tiere, verfolgt von Raubsauriern, muß wie ein Erdbeben die Farn-Prärie erschüttert haben« (Kobbe 1993).

Der ebenfalls vierfüßige *Brachiosaurus* aus dem Oberjura Ostafrikas ist im Berliner Naturkundemuseum mit 24 m Länge (samt Schwanz) und einem kleinen, ungefähr 12 m über dem Boden getragenen Kopf zu sehen. Sehr stattliche, wenn auch nicht so gewaltige Größe hatten auch die in Belgien, jüngst auch in einem Höhlensediment des westfälischen Sauerlandes (Norman et al. 1987) geborgenen, auf zwei Beinen schreitenden Iguanodonten der frühen Kreidezeit und der 10 m lange *Tyrannosaurus rex* aus der Kreide von Texas, eines der größten Raubtiere der Erdgeschichte: Eine versunkene Welt phantastisch anmutender Gestalten, zu denen neben den Riesen andere mit abenteuerlichen Auswüchsen und Hörnern am Schädel oder Panzerplatten mit gefährlichen Knochenstacheln auf Rücken und Schwanz traten; fast ein Spuk der Lebensgeschichte für den Betrachter ihrer durch Funde wohlbegründeten und mühevoll erarbeiteten Rekonstruktionen. Doch starben sie mit vielen anderen Gruppen, so den Ichthyo- und Plesiosauriern, am Ende der Kreidezeit aus noch nicht eindeutigen Gründen aus.

Heute leben von dieser in der Vergangenheit so reichen Sauriergruppe mit beiderseits je zwei Schläfenöffnungen, den »diapsiden« Sauriern, nur noch die Krokodile sowie die neuseeländische Brückenechse als eines der »lebenden Fossilien« der Tierwelt. Verwandt mit jenen Diapsiden sind freilich die noch heute zahlreichen Eidechsen und Schlangen, bei denen aber die untere der beiden Schläfenöffnungen ihre untere Knochenbegrenzung verlor und dadurch sekundär wieder verschwand.

Zu den Eidechsen-Ahnen, bei denen sich diese untere Begrenzung öffnet, gehört eine ebenso abenteuerlich wie trotz ihrer Länge von 8 Metern grazil anmutende Saurierform der Trias, der »Giraffenhalssaurier« *Tany-*

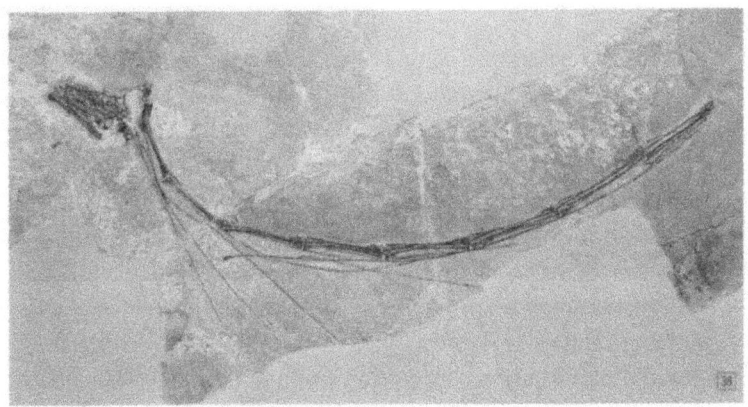

Abb. 67. Schädel und Hals (Halswirbel stark verlängert, Halsrippen sehr lang und abgespreizt) des Proterosuchiers *Tanystropheus longobardicus* aus der Mitteltrias des Monte San Giorgio, Südtessin. Länge des Skelettrests 1,70 m.

stropheus (»Langwirbler«). Sein aus neun giraffenartig langgestreckten Wirbeln bestehender Hals wurde dank länger knöcherner Sehnen wohl horizontal getragen und dürfte beim Schwimmen oder auch beim Landgang am Ufer als Angel zum Fischfang gedient haben. Erste einst im deutschen Muschelkalk gefundene Halswirbel wurden gar als Extremitätenknochen mißdeutet! Die seltsame Gestalt des Tieres kennen wir erst seit der Entdeckung vollständiger Skelette im alpinen Muschelkalk durch die berühmten Grabungen des Züricher Paläontologischen Instituts am Monte San Giorgio über dem Luganer See. Der dabei entstandene Steinbruch lieferte eine reiche Fauna von Wirbellosen und Wirbeltieren, die dank des Bitumengehalts der in einem Flachmeer abgelagerten Sedimenten vorzüglich erhalten ist.

In dem entwicklungsträchtigen Bereich der auf S. 152 erwähnten permzeitlichen Eosuchier liegt auch die stammesgeschichtliche Wurzel einer ökologisch völlig neuartigen Anpassungsgruppe, nämlich der *Flugsaurier*. Der Insektenflug war der Natur ja schon im Oberdevon in verhältnismäßig rascher Fortsetzung des Überganges der Gliedertiere (Arthropoden) aus dem Meere an Land gelungen, und schon in den Steinkohlenwäldern erreichten manche Insekten die erstaunliche und später in solchem Maße nicht mehr erreichte Flügelspannweite von einem Meter (S. 111). Fliegende Wirbeltiere, die sich den Luftraum als Nahrungsquelle und zu schnellerer Flucht zu erschließen begannen, gab es aber erst seit der Permzeit, so den kleinen *Weigeltisaurus* aus dem Kupferschiefer mit einer aus zahlreichen verknöcherten Sehnen (?) erschlossenen Gleitflughaut (Haubold u. Schaumberg 1985). In der Trias bildete die seltsame, baumkletternde *Longisquama* dazu lange, ausspreizbare Rückenschuppen und *Kuehneosaurus* aus England eine zwischen langen Rippen ausgespannte Flughaut. Das Tier erinnert damit an die kleinen, buntschillernden Flugdrachen der artenreichen Gattung *Draco* in den südostasiatischen Urwäldern, die ihre Beute in weiten Luftsprüngen zu erjagen pflegen. Bei den fossilen Formen handelt es sich offenbar um verschiedene »Versuche« der Natur in der Morgenröte des Wirbeltierflugs. (Anschauliche Bilder dazu bei Steiner 1986). Am erfolgreichsten waren die aktiv fliegenden Flugsaurier, die man bis vor kurzem erst aus der Jurazeit kannte, neuerdings aber auch schon in der Trias entdeckte. Das Charakteristikum dieser *Pterosaurier* ist die extreme Verlängerung der Glieder des vierten Fingers, von dem sich eine Flughaut zum Körper hin ausspannte. Zwischenformen, die eine fortschreitende Verlängerung des Flugfingers erkennen ließen, sind bisher allerdings unbekannt, aber zu erwarten (Wild 1978).

In der Oberjurazeit gesellten sich zu den langgeschwänzten Flugsauriern *(Rhamphorhynchen)* die mit nur sehr kurzem und das Flugvermögen dadurch steigernden Schwanz ausgestatteten *Pterodactylen* (Umschlagbild), die in der späteren Kreidezeit in Nordamerika den wahrhaft drachenähnlichen *Pteranodon,* einen zahnlosen Segelflieger mit sechs bis acht Meter Flügelspannweite hervorbrachten. Jüngst wurde gar von Knochenfunden eines mit fünfzehn Metern Flügelspannweite geradezu unheimlich anmutenden *Quetzacoatlus* aus der terrestrischen Oberkreide von Texas berichtet! In den feinkörnigen lithographischen Kalken des süddeutschen Oberjuras findet sich zuweilen die Flughaut mit ihrem Geäder abgedrückt. Beobachtungen an einigen mit Hautresten erhaltenen Exemplaren machen den Besitz eines Haarkleides wahrscheinlich, das im Dienste des Wärmeschutzes stand, so daß die Flugsaurier bereits dem Kreis der Warmblüter angehört haben dürften.

Die Vögel: ein Sproß des Saurierstamms

Außer der Flughaut war aber unabhängig davon noch einem weiteren »flugtechnischen Großversuch« der Natur Erfolg beschieden. Davon zeugen eine 1860 gefundene Feder und sieben seither entdeckte Skelette, die kleinen Sauriern der Triaszeit ähneln, aber bei mehreren Exemplaren ein im Gestein abgedrücktes, altertümliches Federkleid erkennen lassen. Sie fanden sich bisher ausschließlich in den Plattenkalken des fränkischen Oberjuras, dessen feinstkörnige Bänke Senefelder 1797 zur Erfindung des Steindrucks (der Lithographie) verhalfen, was zu erheblicher Ausweitung des schon seit der Römerzeit bestehenden Steinbruchgebietes um Solnhofen und Eichstätt führte. Die Vogelfeder aber, die aus der gleichen Anlage wie die Reptilienschuppe entsteht und in frühjugendlichem Stadium Übergänge zu jener zeigt, kann sich in ihrer Kompliziertheit nur in langen Zeiten gebildet haben. Wir müssen auch annehmen, daß das Gefieder keineswegs sogleich der Funktion des Fliegens, sondern zunächst ähnlich wie das Haarkleid einfach dem Wärmeschutz, dann zusätzlich dem gebremsten Sprung von erhöhten Stellen aus, in weiterer Entwicklung dem Gleit- und endlich durch zahlreiche abermalige Mutationen dem aktiven Kraftflug diente (Peters 1994).

Unser gefiedertes Geschöpf trägt den Namen *Archaeopteryx lithographica*, den der berühmte Wirbeltier-Paläontologe v. Meyer, beruflich Kassierer des alten Deutschen Bundestages, der zuerst gefundenen Feder gab (Abb. 66. – *Archeopterix* feminines Wort wie »die Amsel«).

Die wissenschaftliche Deutung dieser Tierform hat erhebliche Wandlungen durchgemacht. Glaubte doch sogar ein sehr sorgfältiger Forscher später, daß die beiden ersten, 1861 und 1879 gefundenen Skelette zwei ganz verschiedenen Gattungen angehören, in deren einer *(»Archaeornis«)* eine Ahnenform der heutigen Flugvögel, in deren anderer dagegen die Ausgangsform der heutigen flügellosen Laufvögel zu sehen sein sollte. Die vermeintlichen Unterschiede haben sich indessen neuerdings bei weiterer Präparation der früher noch nicht ganz vom umgebenden Gestein befreiten Skelette als Täuschung erwiesen. De Beer (1954) am Britischen Museum erkannte darin wiederum zwei Vertreter einer einzigen Art, wie das ja auch der Wahrscheinlichkeit entspricht.

Archaeopteryx galt lange als klassisches Bindeglied zwischen Sauriern und Vögeln, vereinigt sie doch saurier- und vogelhafte Merkmale in sich. Vor allem das Gefieder und ebenso die Verwachsung der Schlüsselbeine zu einem Gabelbein (Furcula) rechtfertigen dabei die systematische Zuweisung zu den Vögeln. Und doch gilt das nur im Rückblick für unser wissenschaftlich ordnendes Auge, das die Vielfalt der Vogelwelt vor sich sieht. Denn wäre jenem Übergangstyp keine weitere Entfaltung gefolgt, so wäre *Archaeopteryx* nichts als ein freilich sehr auffallender Saurier mit dem besonderen Merkmal der Befiederung geblieben. Die Grenzen, die wir systematisch ziehen, sind von dem Erfolgsweg abhängig, den solche Grenzformen in der Geschichte des Lebens nehmen.

Morphologisches Bindeglied bedeutet freilich noch nicht direkte Übergangsform. Wir wissen nicht, welche Verzweigungen sich auf dem sicher nicht kurzen Evolutionsweg von den Sauriervorfahren – vermutlich kleinen fleischfressenden Dinosauriern, wofür der 1993 in der argentinischen Trias entdeckte *Eoraptor* Modell steht – zu den Vögeln ergeben haben. Eine Überraschung sind 1986 in der Obertrias von Texas entdeckte, nach anfänglichen Zweifeln sicher einem *Protoavis* genannten Urvogel zugehörige Skeletteile, die einige gegenüber *Archaeopteryx* sogar schon fortgeschrittene Merkmale, so einen Brustbeinkamm (Carina), zeigen. Es scheint sich hier um einen Vertreter einer früh schon moderneren Evolutionslinie zu handeln (Peters 1994).

Die große Lückenhaftigkeit der Überlieferung hängt hier, wie bei den Flugsauriern, nicht zuletzt mit dem Leben der Tiere auf dem Lande zusammen, das die Mehrzahl der Kadaver nicht zur Überlieferung gelangen ließ. Man bedenke auch, wie klein der von Natur oder Menschenhand aufgeblätterte Bereich der Schichtflächen ist, die solche Fossilien bergen, und wie oft solche Funde der Aufmerksamkeit entgehen. Das Federkleid ist bei mesozoischen Vogelfunden allein von *Archaeopteryx* überliefert.

In der Kreide hat sich jedoch das Fundgut im vergangenen Jahrzehnt so verdichtet (Ostasien, Spanien, Südamerika), daß sich zwei Evolutionsstränge unterscheiden lassen, deren erloschener einer auch die jurassische *Archaeopteryx* einschließt, während der andere zu den modernen Vögeln führt. In beiden Strängen kommt

Abb. 68. *Ichthyornis* u. *Hesperornis* aus der nordamerikanischen Oberkreide. Die bei *Ichthyornis* gezeichneten, aber isoliert gefundenen Kieferknochen werden heute für Mosasaurier-Knochen gehalten.

es unabhängig voneinander zur Reduktion des Gebisses (Peters 1994). Schon in der Oberkreide lebte der schwanengroße *Hesperornis* auch die jurassische (Abb. 68, »Vogel des Westens«) als ein wieder flügellos gewordener, an das Leben im Wasser angepaßter Tauchvogel. Der ungefähr möwengroße *Ichthyornis* war ein mit vermutlich noch bezahntem Schnabel ausgestatteter Fischjäger. An ihn schließt sich die seit dem Tertiär reichlicher belegte, immer vielfältigere und buntere Welt der Flugvögel an, die, wiederum alle Möglichkeiten der Ernährung ausnützend, teils als Raubvögel, teils als Pflanzenfresser die Erde heute beleben und stimmenreich bevölkern. »Das Vorkommen großer Raubvögel zu Beginn der Erdneuzeit zeigt, daß sie damals als Rivalen der Säugetiere zu fürchten waren. Wie würde die Erde heute aussehen, wenn die Vögel den Sieg über die Säugetiere davongetragen hätten?« (Kuhn-Schnyder 1953). Die geringe Körpergröße vieler heutiger Flug- und zumal Singvögel läßt sich als Anpassung an ökonomisches Fliegen und leichteres Sitzen auf dünnen Zweigen verstehen (Peters).

Zur Problematik evolutionärer Übergänge

Der seit den zwanziger Jahren in Deutschland sehr bekannt gewordene Münchner Paläontologe Dacqué (1935) hielt den Übergangscharakter für einen nur trügerischen Augenschein. Er bestritt überhaupt die blutsmäßig-konkrete Abstammung großer »typischer« Einheiten des Tierreiches voneinander und sah so in *Archaeopteryx* nur einen Saurier besonderer Art, mit welchem die Welt der Saurier dem damals aufkommenden, den Typ des Vogels dann bestimmenden »Zeitgeist des Fliegens« gleichsam ihren Tribut gezollt hätte. Aber das bleiben – bei allen Verdiensten der von Dacqué ausgegangenen Anregungen – metaphysische, im Bereich der platonischen Philosophie und der ontologischen Typenlehre verwurzelte geistreiche Gedanken, die der Wirklichkeit nicht entsprechen. Denn die Gesamterfahrung der Paläontologie bürgt trotz aller Überlieferungslücken für solche brückenschlagenden Zwischenformen, von denen uns mit dem Urvogel *Archaeopteryx* dank glücklicher Umstände ein klassisches Beispiel tatsächlich in die Hand gegeben ist, auch wenn es sich nicht um »das« Zwischenglied handelt. Die Art und Weise solchen Übergangsgeschehens mit den diesbezüglichen gradualistischen, punktualistischen, additiven und typostrophischen Deutungen (S. 101) ist freilich noch in Diskussion begriffen.

Ganz unmetaphysisch hat Schindewolf (1950, 1969) aus Zweifel an der Lückenhaftigkeit der Überlieferung, die einem begeisterten Paläontologen naturgemäß ein Dorn im Auge sein kann, im Rahmen seiner Typostrophentheorie (S.100) eine plötzliche, mutative »Umkonstruktion« angenommen und den Satz »Der erste Vogel kroch aus einem Reptilei« einmal eine logisch zwingende Notwendigkeit genannt, was zwar stimmt, nur daß wir dieses Ei und jenes Reptil in der vermutlich doch längeren Kette der Umwandlung nicht fixieren können!

Und dennoch: Das Diskontinuitätsprinzip hat neuerdings eine überraschende Renaissance erfahren, die sich an die Namen N. Eldredge, S. J. Gould und S. M. Stanley knüpft, welch letzterer (1983) eine fesselnde zusammenfassende Darstellung gegeben hat. Darin wird der oft sprunghaft erscheinende Wandel fossiler Arten – schon Waagen (1869) hatte diese Erscheinung an Juraammoniten erstmals mit dem Begriff »Mutationen« belegt – für bare Münze genommen. Er wird mit raschem Sich-Durchsetzen (seltener) positiver Mutationen oder Genrekombinationen in isolierten Kleinpopulationen erklärt, deren Bedeutung schon früher E. Mayr für die Artbildung bei Vögeln erkannt hatte. Rasche Ausbreitung der konkurrenzüberlegenen Tochterart führt zu abrupter Ablösung im stratigraphischen Profil auch dann, wenn sie sich am meist unbekannten Ursprungsort in vielen kleinen Schritten vollzog. In solcher Abzweigung durch »unterbrochene Gleichgewichte« (punctuated equilibria) sehen die genannten Autoren den einzigen Modus wirklicher Artbildung (Speziation), während es in unverzweigten Stammeslinien nur ganz langsame »gradualistische« Änderungen geben soll. Gould und Eldredge rechnen, darin weitergehend als Stanley, auch mit plötzlicher Entstehung höherrangiger Einheiten (Gattungen usw.) im Genfluß von Kleinpopulationen, also durchaus mit dem, was Schindewolf »Typostrophen« nannte – ohne daß sie allerdings mit ihm auch einen phasenhaften Ablauf in solchen Einheiten bis zu einem »Altern« angenommen und ohne daß Schindewolf den Ursprung seiner Typostrophen in Kleinpopulationen gesucht hätte.

Es gibt aber auch gewichtige Stimmen für die andere Auffassung, daß neue Arten und Gattungen auch durch langsame Erbänderungen in unverzweigten Großpopulationen entstehen können, wie das etwa statistische Untersuchungen an tertiären Nagetierzähnen ergaben (Fahlbusch 1983). Hierbei entfällt wegen der laufend möglichen richtenden Auslese auch das Problem des Punktualismus, gerichtete (orthoselektive) Reihen der fossilen Überlieferung mit den seltenen größeren, *ungerichteten* und zunächst ausleseunabhängigen Erbänderungen in Kleinpopulationen zu erklären. Die Auslese begünstigt offenbar auf längere Zeit nur einen kleinen Teil der in der Horizontale eines Zeitmoments richtungslos entstehenden Merkmale und Arten so, daß sie auch in die zeitliche Vertikale des stratigraphischen Profils eingehen können.

Artbildung nicht in kontinuierlichen Linien, sondern ausschließlich an Gabelungspunkten nimmt auch die phyletische Methode der Kladistik an (S. 38).

Der Siegeszug der Vögel

Mit der Erwerbung der Flugfähigkeit erschlossen sich die Wirbeltiere abermals ein Tor zu einem neuen Dasein. Die Flugsaurier selbst erlagen zwar dem großen Sauriersterben am Ende der Kreidezeit. Die Vögel aber gehören zu den Überlebenden, ja treten ebenso wie die Säugetiere mit der Neuzeit in eine gewaltige stammesgeschichtliche Blüte ein. Der ihnen zugefallene Besitz eines Großgefieders dürfte hinsichtlich der Flugtechnik Vorteile gegenüber der Flughaut geboten haben, mit denen die Flugsaurier nicht auf die Dauer konkurrieren konnten, so daß sie im Daseinskampfe unterlagen. Im Bereich der Säugetiere freilich erwarben sich (oder besser: erhielten durch mutative Änderungen) die nächtlich lebenden Flattertiere wenig später ein Flugorgan von ähnlichem Bau wie jenes der Flugsaurier: nur daß die Flughaut hier nicht an einem, sondern an drei verlängerten Fingern ausgespannt ist.

Es ist freilich nicht so, daß das Erlöschen der Flugsaurier allein auf eine im Vergleich mit den Vögeln größere Primitivität zurückgeführt werden könnte. Denn auch die altertümlich anmutenden Schildkröten, die in ihrem Körperbau sehr konservativen Krokodile sowie die Echsen und Schlangen haben die gefährliche Grenzzeit von der Kreide zum Tertiär überdauert. Über stammesgeschichtlichen Untergang oder Überleben entscheidet ein schwer durchschaubarer Komplex von Ursachen, die teils in der Umwelt, teils aber auch im Organismus liegen mögen.

Der Knochenbau der heutigen Flugvögel trägt trotz mannigfacher Abwandlungen noch die Herkunft von den Sauriern an sich, und auch die Gelege der beiden Tierklassen gleichen sich äußerlich, vermögen aber bei den Vögeln dank der hier gespendeten Körperwärme der Eltern auch in kalten Klimaten zur Entwicklung zu gelangen. Ganz unabhängig vom Klima sind freilich auch die Flugvögel nicht und entsprechen dessen jahreszeitlichem Wechsel in vielen Familien durch den Vogelzug, auf dem sie in fast unbegreiflicher »sportlicher Großleistung« Jahr für Jahr gewaltige Strecken unter mannigfachen Gefährdungen überwinden. Auch diese Erscheinung muß sich als Antwort auf den klimatischen Wechsel, der sich im Laufe der Jahrmillionen auf der Erde vollzog, also durch Auslese der zum notwendigen Ortswechsel fähigen Individuen und Arten, stammesgeschichtlich allmählich eingestellt haben. Seine letzte, entscheidende Form dürfte wohl in der Eiszeit geprägt worden sein.

Der Flug ist gewiß eine besonders typische Fähigkeit der Vögel, von denen sich manche anders kaum mehr fortzubewegen vermögen. Man beobachte einmal die Hilflosigkeit eines Mauerseglers auf ebener Erde, der hier nur schwerfälliger rudern und sich ohne die Möglichkeit eines Absprungs nichtmehr in die Luft zu erheben vermag! Die Anpassung an das Luftmeer ist hier nahezu so vollkommen und einseitig wie bei den meerbewohnenden Sauriern und Säugern an das Element des Wassers. Solcher Einseitigkeit steht die vielseitige Anpassung derjenigen Vögel gegenüber, die in der Luft sowie bei der Fortbewegung auf dem Lande und auf dem Wasser Gleiches zu leisten vermögen. Andere aber entbehren der Flugfähigkeit, und man hatte sich die Frage zu stellen, ob diese Laufvögel in ihrer Stammesgeschichte vielleicht gar kein fliegendes Stadium durchgemacht, vielmehr das Gefieder immer nur im Dienste des Wärmeschutzes getragen hätten. Eine Zeitlang schien es ja (S. 160), als ob Brustbein- und Beckenform des einen der zwei bis 1950 bekannten *Archaeopteryx*-Funde mehr auf einen Laufvogel und damit auf eine Trennung in Flug- und Laufvögel (Carinaten und Ratiten) schon in der Jurazeit weisen würden. Diese Vorstellung hat sich indessen nicht bestätigt, und wir müssen heute annehmen, daß erst spätere Rückbildung der Flügel zu der flügellosen Lebensweise führte. Das konnte dort geschehen, wo die mit dem Fliegen verbundene Fluchtreaktion bedeutungslos war, z. B. auf Inseln, wo die Vögel keine ihnen nachstellenden Feinde hatten. Andere Laufvögel bewahrten sich die Flucht- ohne Flugfähigkeit durch Größenzunahme des Körpers, wie sie beim Luftleben ungeeignet gewesen wäre, sowie durch die Streckung der Hinterextremitäten und die Stärkung ihrer Muskulatur (Strauße, Emus). Manche der Nachstellung entwöhnten Laufvögel fielen dem Menschen zum Opfer, so die gewaltigen Moas, die bis ins 14. Jahrhundert auf Neuseeland lebten, und der Dodo der Insel Mauritius (letzte Nachricht 1679) sowie andere Riesentauben der Maskarenen-Inseln.

Der Rückweg vom Leben in der Luft konnte aber auch – wie schon bei *Hesperornis* (s. Abb. 68) – bis zum überwiegenden Wasserleben führen. Heute pflegt die Ordnung der Pinguine, deren Flügel sich zu wiederum schuppenbedeckten Flossen gewandelt haben, dieser Lebensweise und hat damit das Meer als den Raum zurückgewonnen, der ihr statt des Luftmeeres Fluchtmöglichkeit und reichgedeckten Tisch zu bieten vermag.

Die Säuetiere: ein weiterer Sproß des Saurierstammes

Wir haben gesehen, daß Gefieder und Behaarung ursprünglich zwei Neuerfindungen im Dienste des Wärmeschutzes waren, die der Natur im Laufe des Erdmittelalters bei den Sauriern gelungen sind. Das Haarkleid ermöglichte die Entstehung der neben den Vögeln zweiten großen Warmblüterklasse, die der Säugetiere. Andere ihrer Merkmale lassen sich schon tiefer ins Reich der Saurier zurückverfolgen. Wir haben deren Wurzel in einer Gruppe von Sauriern zu suchen, bei der wichtige Merkmale des Skeletts schon in der Permzeit säugetierähnlich sind oder in ihrer stammesgeschichtlichen Tendenz wenigstens auf die Säugetiere weisen. Wir nennen diese Gruppe die theromorphen, d. h. die säugetierähnlichen Saurier (S. 144). Sie besitzen im hinteren Teil der Schädelkapsel, hinter der Augenöffnung, jederseits nur eine dem inneren Ansatz der Kiefermuskulatur dienende Schläfenöffnung (vgl. S. 152 und Abb. 64), die schon von den gleichen Knochen wie bei den Säugetieren umgeben und noch beim Menschen als Öffnung über dem freigespannten Jochbein erhalten ist. Es ist wiederum wie bei der »Auswahl« eines Typs des Wirbelbaus aus einer Anzahl vorher durchgespielter Möglichkeiten beim Übergang vom Lurch zum Saurier. Aus der bei den Sauriern bzw. Reptilien vorkommenden unterschiedlichen Zahl der Schläfenöffnungen (keine bis mehrere) wird also ein Fall dadurch herausgegriffen und in die höhere Organisationsstufe übergeführt, daß auch die Säuger nicht aus mehreren, sondern aus einer Großgruppe der Saurier, und zwar jener Theromorphen mit nur einer Schläfenöffnung, hervorgehen. Einen besonderen Vorteil braucht dabei der Besitz nur einer jederseitigen Schläfenöffnung nicht bedeutet zu haben. Denn es kann sein, daß die Vorteile, die den Durchbruch zum Höheren ermöglichen, in anderen Merkmalen und Tendenzen der Gruppe liegen, so daß jenes Merkmal nur nebenbei mit übertragen wurde. Veränderungen, die im Daseinskampf sicher von Vorteil und also mitentscheidend wurden, vollzogen sich dagegen im Unterkiefer (Abb. 69). Er ist bei allen Sauriern bis heute aus einer Anzahl von Knochen zusammengesetzt und gelenkt mit einer Grube des Articulare-Knochens (»Gelenkbeins«) gegen den Oberschädel. Bei den Säugetieren besteht dagegen der Unterkiefer nur aus dem die Zähne tragenden Dentale. Bei den Theromorphen beobachten wir während der Perm- und Triaszeit eine Tendenz der Verkleinerung der hinteren Unterkieferknochen, bis das Dentale allein übrigbleibt. Damit muß dieser Knochen nun auch die Gelenkung übernehmen. Er bildet »dazu«, und zwar zunächst neben dem noch funktionierenden alten primären Gelenk, einen Gelenkkopf – statt der bisherigen Grube! – und gelenkt nun damit gegen den ebenfalls sich verändernden Oberschädel. Außerdem »erfand« zu etwa gleicher Zeit die Natur bei den theromorphen Sauriern statt des bisher einspitzigen und einwurzeligen Zahns den mehrhöckerigen Kronenzahn und schuf in ihm die Voraussetzung für das Kauen und Zermahlen der Nahrung im Maul, das den die Beute nur erschnap-

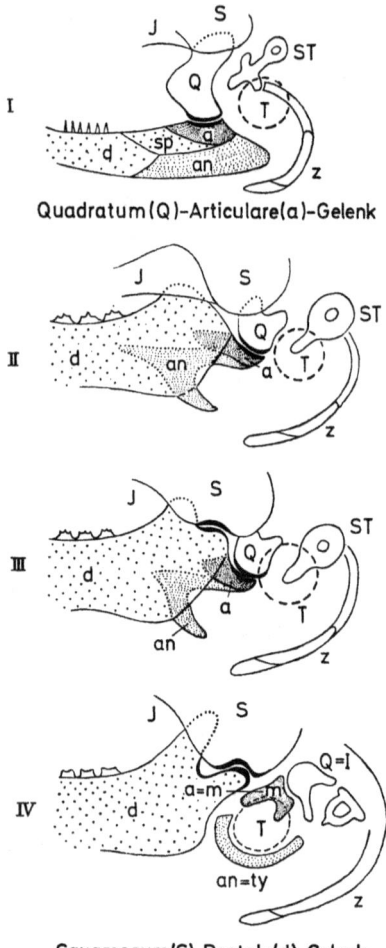

Abb. 69. Skelettentwicklung im Bereich des Unterkiefers, der Gelenkung gegen den Oberschädel und des Gehörs auf dem Weg vom Saurier zum Säuger, schematisch. I Reptil; II therapsider Saurier; III therapsider Saurier mit *Doppelgelenk* an der Schwelle zum Säuger; IV primitiver Säuger. - Unterkieferknochen: *a* Articulare, *an* Angulare, *d* Dentale, *m* Malleus (Hammer), *sp* Spleniale, *ty* Tympanicum, *z* Zungenbein, *J* Jochbein (nur bei I und II eingezeichnet), *Q* Quadratum, *Incus* (Amboß), S Squamosum, *St* Stapes (bei den Reptilien einziger Gehörknochen), *T* Trommelfell. Das Tympanicum (urspr. Angulare) schließt sich bei fortgeschrittenen Säugetieren zur Ohrkapsel.

penden und verschlingenden Sauriern noch nicht möglich war. Der erwähnte Gelenkkopf des Unterkiefers aber erlaubte eine Verstärkung der ihn bewegenden Muskulatur und bot eine weitere Voraussetzung für die neue Fähigkeit. Den »Antrieb«, der die Theromorphen (und genauer die Gruppe der Therapsiden unter ihnen) veranlaßte, die geschilderte Entwicklungsrichtung einzuschlagen, sieht Kuhn-Schnyder (1954) in dem »Streben nach reichlicher Ernährung« oder – wenn wir das nichtlamarckistisch formulieren – in der in Daseinskampf und Selektion vorteilhafteren Auswertung der Nahrung, die mit dem Kauen und Zermahlen im Maule verbunden ist. Steigert diese neugewonnene Fähigkeit doch den Energieumsatz des Körpers, der neben dem Haarkleid eine zweite wichtige Voraussetzung für die Warmblütigkeit und die damit gegebene größere Unabhängigkeit von den klimatischen Verhältnissen darstellt.

Die aus dem Unterkiefer verschwindenden Knochen gingen übrigens nicht verloren, sondern wanderten – ein erstaunlicher Vorgang – samt dem ursprünglichen Gelenkknochen (Quadratum) des Oberschädels in die Ohrregion ab, wo das Quadratum den Amboß und das Articulare den Hammer bildet, um nur diese zwei zu nennen. Wir wissen das schon seit den embryologischen Untersuchungen des Anatomen Reichert (1836). Durch diese Wanderung also entstand aus dem Gehörapparat der Saurier, der nur einen Gehörknochen besitzt, das leistungsfähigere Säugergehör. Welche Bedeutung dieses Organ, eine Wunderwelt für sich, später für die Entwicklung der Kultur des hörenden und sprechenden Menschen bekommen sollte, braucht nicht weiter ausgeführt zu werden.

Das paläontologische Fundgut allein ist begreiflicherweise nicht so beschaffen, daß es die Wanderung dieser kleinen Knochen, die sich mit der Übernahme ihrer neuen Funktion nur noch lose in den Schädel einfügten, unmittelbar festzustellen erlaubte. An der Knochenreduktion im Unterkiefer und dem vorübergehend vorhandenen Doppelgelenk zeigt sich aber, wie sich ein embryologischer Vorgang auch in der Stammesgeschichte abgespielt hat – ein Beispiel für eine von Haeckel erkannte, als »Biogenetisches Grundgesetz« aber allzu verallgemeinerte Regel.

Eine sichere systematische Grenze zwischen den theromorphen Sauriern und den ersten Säugern an der Wende von der Trias- zur Jurazeit ist also nur möglich, wo die Erhaltung der hinteren Unterkieferpartie eine Entscheidung erlaubt. Nur im großen ganzen und nur stellvertretend lassen die erkennbaren Skelettveränderungen auch den Schluß auf parallel sich vollziehende Veränderungen der fossil nicht überlieferten inneren Organe zu, in denen sich die Säugetiere heute von den Reptilien unterscheiden. Der Übergang von der Organisationsstufe des Sauriers zum Säuger vollzog sich wohl bei allen sich ändernden Merkmalen in kleinen Schritten, die das »Merkmalsmosaik« des einen allmählich in den anderen, höheren Typus überführten. Das Fundgut ist heute keineswegs mehr lückenhaft genug, um den noch vor einiger Zeit möglichen, freilich mehr aus philosophischen Erwägungen begründeten Schluß zu erlauben, daß sich die großen Klassen des Organismenreichs stammesgeschichtlich nicht ineinander überführen ließen, sondern unabhängig voneinander ins Leben getreten seien. Es wird mit der Mehrung der Funde vielmehr immer schwieriger, überhaupt eine Grenze zu ziehen, in unserem Falle also jeweils festzustellen, was »noch Saurier« und »schon Säugetier« sei.

Die erwähnten Umbildungstendenzen des Skeletts lassen sich in einer ganzen Anzahl von Entwicklungslinien triaszeitlicher Theromorphen nachweisen. Keineswegs alle von diesen haben aber die Stufe des Säugetiers erreicht, und auch diejenigen, denen das gelang, erloschen in der Mehrzahl schon zur Jurazeit, in der die ersten Säugetiere zwar eine gewisse Entfaltung erlebten, aber durchweg kleinwüchsig blieben. Wir wissen nicht, ob sie noch Eier legten, wie das die am primitivsten gebliebenen unter den heutigen Säugern, die Monotremata Australiens, noch immer tun, – worauf der Schnabeligel, nicht aber das wasserbewohnende Schnabeltier Ornithorhynchus die ausschlüpfenden Jungen in einem Brutbeutel birgt – oder ob jene jurazeitlichen Vorfahren schon lebende Junge gebaren. Zu erwähnen ist hier auch, daß sich schon bei einigen triassischen Theromorphen aus der Verkürzung der hinteren Rumpfrippen auf den Besitz eines Zwerchfells schließen läßt, das im Dienst gesteigerter Atmung steht.

Es sei nicht verschwiegen, daß Jarvik (1980) die Reichertsche Theorie widerlegen zu können meint, indem er die Gehörknöchelchen aufgrund seiner anatomischen Studien aus dem die erste Kieme stützenden knöchernen Hyoidbogen anstatt aus dem Unterkiefer (Mandibularbogen) ableitet, – und daß er in diesem Zusammenhang die Theromorphen und Säuger direkt auf Crossopterygier zurückzuführen sucht, die Tetrapoden also als extrem polyphyletisch erachtet (vgl. S. 148). Die erwähnte, den Übergang so sehr unterstreichende Doppelgelenkung zwischen Unterkiefer und Oberschädel wäre demnach nur bei einem blind endigenden Seitenzweig der Evolution entstanden.

Sollte sich diese Hypothese bestätigen, so erforderte sie ein starkes Umdenken hinsichtlich der Beziehung zwischen Reptilien und Säugern. Die phylogenetische Forschung ist nie am Ende, hat immer auf Überraschungen gefaßt zu sein. Doch scheint für die Mehrzahl der gegenwärtigen Forscher noch kein Anlaß zu bestehen, die oben dargelegte klassische Theorie zu verlassen.

Die Kenntnis der jurazeitlichen Säugetiere erweiterte sich durch ein großes Fundgut, das der schon aufgegebenen, abgesoffenen und vom Berliner Paläontologischen Institut unter fast abenteuerlichem Wagemut wiedereröffneten und 1972–82 allein um der Fossilien willen nochmals betriebenen Braunkohlengrube Guimarota nördlich Lissabon entstammt. Ein nur 50 cm mächtiges

Fundflöz in 80 m Tiefe lieferte dort rund tausend bezahnte Kiefer dreier jurassischer Säugergruppen, deren Untersuchung noch im Gang ist. Der dabei gelungene Skelettfund eines nur spitzmausgroßen Tiers in einem handtellergroßen Kohlebrocken bestätigt die Herkunft der Beutel- und Placentatiere, nicht aber der primitiveren Schnabeltiere, von der schon seit der Trias/Jura-Grenze bekannten Gruppe der *Pantotheria*. Das für Insektennahrung geeignete Gebiß dieses kleinen Pantotherier-Skeletts zeigt »in mancher Hinsicht noch reptilhafte Züge«, während Schultergürtel und Extremitäten schon »verblüffend modern anmuten« – ein Beispiel also wiederum für Mosaikentwicklung. Ein langer Schwanz mit langen Wirbeln verrät seine Funktion als Steuerorgan beim Sprung von Baum zu Baum, dem auch der Bau von Füßen und Händen entspricht (»Krallenkletterer«). Das kann eine frühe Spezialisation sein, könnte aber auch darauf hinweisen, daß die Säuger von baumbewohnenden Frühformen herkommen, was seine Parallele in der wahrscheinlichen späteren Abkunft der Hominiden von schon baumbewohnenden Menschenaffen hätte (Krebs 1988).

Noch durch die ganze Kreidezeit bleiben die Funde von Säugetieren unerwartet spärlich. Trotzdem muß sich hier die künftige Entfaltung vorbereitet haben, die zu Beginn der Tertiärzeit so schlagartig sichtbar wird, daß man von einer geradezu explosionsartigen Entwicklung (s. Abb. 59, S. 144) spricht. Da sie unmittelbar nach jener Zeit einsetzt, in der viele bis dahin blühende Sauriergruppen abtraten, so ist die Paläontologie Zeugin gleichsam einer fast plötzlichen und einschneidenden Rollenübernahme auf der Bühne des Lebens durch ein neues Ensemble. Viel früher schon, in der Triaszeit, gewonnene Eigenschaften erweisen sich jetzt, da der Raum von allzu vielen Konkurrenten frei wurde, als Vorteil im Lebenskampf: so das schon erwähnte differenzierte Gebiß mit den Kronenzähnen, die den Säugern ein Vorkauen der Nahrung schon im Maul und damit eine bessere Ausnützung erlaubten als bei den Sauriern, die nur zupacken und verschlingen konnten. Dadurch wurde die überlebende Saurierwelt in die zweite Rolle unter den Großtieren der Erde zurückgedrängt, zumal die rasch sich entfaltenden, wiederum alle Anpassungsmöglichkeiten der Wohnung und Nahrung ausnützenden Säuger dank ihrer Warmblütigkeit auch in Gebiete vorzudringen vermochten, die den Reptilien verschlossen waren und sind. Ob sie mit der Besiedlung solcher Räume schon in der Jura- und Kreidezeit begannen, bleibt weiteren Funden und Einsichten vorbehalten.

Die Entfaltung der Säuger vollzog sich aus dem bescheidenen und in mehreren Zweigen bald wieder absterbenden Entfaltungsbusch der jurazeitlichen Kleinsäuger in drei Richtungen weiter: Zu den erwähnten, sehr primitiv gebliebenen Schnabeltieren, den lebendgebärenden *Beuteltieren* (ohne Mutterkuchen = Placenta, mit beutelartiger Bruttasche) und zu den in körperlicher und seelischer Hinsicht höher stehenden Placentaliern (mit Placenta) hin (s. Abb. 59).

Die *Schnabeltiere* leben heute nur noch in drei Arten. Die Beuteltiere entfalteten sich im Laufe der Tertiärzeit ungleich reicher und in Anpassung an sehr verschiedene Lebensweisen: Als Pflanzenfresser, Insektenfresser, Raubtiere, grabende und nichtgrabende Bodenbewohner, Baumkletterer und als mit Fellfalten ausgestattete Flugbeutler, die des Fallschirmsprungs fähig sind.

Noch weit mannigfaltiger aber vollzog sich diese verschiedenartige Anpassung bei den höheren Säugetieren oder *Placentaliern*. Neben die Unzahl von Insektenfressern, Raubtieren, Nagetieren, Hasenartigen, Huftieren, Rüsseltieren, Herrentieren traten hier in den verschiedensten Zweigen mehr oder weniger ans Wasser oder auch wieder ganz an das Meer angepaßte Gruppen:

Die *Walartigen,* die von primitiven Raubtieren abstammen und sich ihrerseits wieder in Zahnwale und zahnlose Planktonfresser teilten, die Robben, die von Urhuftieren abstammenden pflanzenfressenden Seekühe. Die Rückkehr ins Meer (s. Abb. 6) vollzog sich wie einst bei den Sauriern unter ähnlicher Umbildung der Körperform, der Extremitäten und unter ähnlicher Beckenreduktion nun auf der höheren Ebene der Organisation des Säugetiers. Die Seekühe wurden unter auffallender Verdickung der Knochen, die wohl der Körperbeschwerung dient, zu trägen Wasserbewohnern. Die Delphine dagegen steigerten mit dem schwierigen Übergang ins Meer ihre Intelligenz zu bewundernswürdigen Hochleistungen. Im einzelnen erfolgte die Anpassung verschieden: So übernahmen bei den Robben die Hinterfüße einen Teil der Funktion des Schwanzes der Wale. Die vollendete Anpassung der Wale an das Meer ist um so erstaunlicher, als die Lungenatmung der Landvorfahren – ebenso wie bei den meerbewohnenden Sauriern – erhalten blieb. Über die interessante Physiologie des Tauchvorgangs bei Walen hat Slijper (1962) berichtet.

Der erste Teil des Weges der Meersäuger zurück ins Wasser ist uns, ähnlich wie bei den Ichthyosauriern, freilich nicht überliefert. In der älteren Tertiärzeit treten vielmehr die bereits voll ans Wasser angepaßten Urwale ziemlich plötzlich und »fertig« in Erscheinung. Ihre Wurzel haben wir gemeinsam mit anderen Säugetiergruppen in kleinen, primitiven Urraubtieren zu suchen. Das Gebiß der Wale zeigt von ihrem ersten Auftreten bis heute eine fortschreitende Vereinfachung bis zu den einspitzigen und einwurzeligen Zähnen des reptilähnlichen Delphingebisses. Die Vereinfachung läßt sich damit erklären, daß die Beute wie bei den primitiven Reptilien allein mit dem Maul ergriffen werden muß und daß die erbeuteten Wassertiere, die meistens sogleich verschlungen werden, an das Gebiß geringere Anforderungen stellen als Landtiere, deren Fleisch sich schwieriger zerbeißen und zerreißen läßt. Ebenfalls aus den Urwalen gehen durch schnellere und völlige Gebißreduktion die den Zahnwalen stammesgeschichtlich benachbarten Bartenwale hervor, zu denen der jetzt so bedrohte Blauwal als der Riese unter der heutigen Tierwelt gehört. Zahnanlagen bei den Embryonen weisen auch hier eindeutig auf die Abstammung von bezahnten Vorfahren hin.

Werfen wir nun einen Blick auf die Geschichte der *Huftiere*. Die Landsäugetiere zeigen in der Frühzeit ihrer Entwicklung, vor rund 70 Jahrmillionen, den für alle landbewohnenden Wirbeltiere ursprünglichen Zustand von fünf Zehen bzw. Fingern an den Extremitäten; die (der) fünfte war dabei wohl zur »kleinen« Zehe (Finger) reduziert. Bei manchen Gruppen, so bei den später sich entwickelnden Insektenfressern und Herrentieren, erhielt sich dieser ursprüngliche Zustand bis hin zu uns Menschen. Andere Entwicklungslinien wichen davon ab. Dabei bedurfte es nur geringer Verschiebungen der Proportionen unter den vier »großen« Fingern bzw. Zehen, um durch das ein wenig stärkere (allometrische) Wachstum eines oder zweier Mittelzehen die Extremitätenform der Unpaarhufer bzw. Paarhufer in die Wege zu leiten (Abb. 70). Die ersten kleinen Mutationsschritte in diesen Richtungen erbrachten sicher nicht mehr als kleine innerartliche oder allenfalls artliche Unterschiede. Und doch war nun eine Weiche gestellt, von der die Entwicklungsbahnen zweier großer Tiergruppen ausgingen, deren von der Umwelt offenbar geförderte Grundeigenschaft der zuletzt nur noch ein- oder zweihufige Fuß war. Beide Typen des Fußbaues eigneten sich dazu, um Schnelläufer (Pferde und Hirsche), aber auch trägere Tiere (Tapire und Schweine) usw. entstehen zu lassen, und in beiden Gruppen traten auf diese Weise parallele, übereinstimmende,

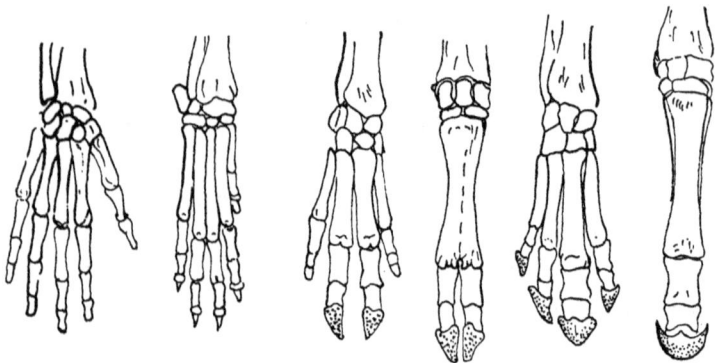

Abb. 70. Vorderextremitäten von Säugergruppen verschiedener Fingerzahl. Von links: Mensch, Hund, Schwein, Rind, Tapir, Pferd.

»konvergente« Merkmale hinzu. Das bezeichnende Merkmal der beiden Ordnungen der Unpaar- oder Paarhufer ging allen diesen zusätzlichen Merkmalen voraus, war also als erstes da – nur daß es am Anfang nichts als ein bescheidenes Artmerkmal war. Denn sein Rang als Ordnungsmerkmal, seine Bedeutung als »Schlüsselmutation« ist auch hier erst für den Rückblick auf die Geschichte der betreffenden Tierordnung erkennbar. Wir sehen hier wieder, wie sich so der Widerspruch zwischen der Auffassung der summierenden, sich in kleinen Schritten »additiv« und der in großen Schritten »typostrophisch« vollziehenden Entwicklung mindestens teilweise löst.

Die Paarhufer entwickelten Gehörne von oft erstaunlichen Formen und entzogen sich der allzulangen Gefährdung bei der Nahrungsaufnahme in offenem Gelände durch die Fähigkeit, an geschützten Orten wiederzukäuen.

Für die Geschichte der Unpaarhufer bieten die *Pferde* ein besonders bekanntes und eindrucksvolles Beispiel (Abb. 71). Beginnt doch diese Ordnung im nordamerika-

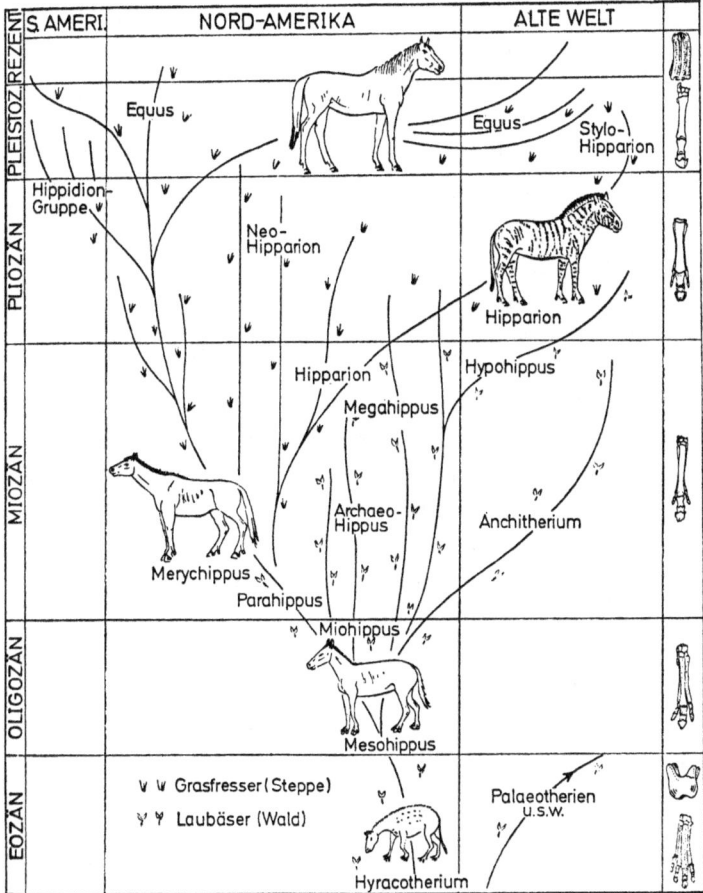

Abb. 71. Evolutionsschema der pferdeartigen Unpaarhufer. Rechts Vorder- bzw. (bei *Hipparion*) Hinterfuß sowie nieder- und hochkroniger Backenzahn.

nischen und europäischen Alttertiär mit hasengroßen, waldbewohnenden Formen, deren Vorderfüße in der Regel vier, deren Hinterfüße aber nur noch drei Zehen hatten. Im jüngeren Tertiär (Miozän) ist allgemeine Dreizehigkeit, zum Teil auch schon ponyartige Körpergröße erreicht. Zugleich wählt ein Entwicklungszweig die Steppe als neuen Lebensraum, auf dessen hartem Boden sich die Verstärkung des mittleren Zehenstrahles und die Vergrößerung seines Endgliedes zu einem Huf als vorteilhaft erweist. Außerdem erfolgt der Umbau des bisher gepolsterten Fußes durch weitere Veränderungen in Skelett und Bändern zu einem Sprung- und Rückstoßmechanismus, der eine immer schnellere Gangart erlaubt. Beim Galoppieren jedoch traten die kürzer gewordenen Seitenzehen mindestens in jenen Augenblicken funktionell noch in Bodenberührung, in denen nur ein einziger Fuß unter starker Abwinkelung im Fesselgelenk die Körperlast zu tragen hatte. Bei den *Hipparionen,* die sich zur Pliozänzeit von einem Entwicklungszentrum in Nordamerika über eine damalige Landbrücke im Gebiet der Beringstraße auch über Eurasien und Afrika ausbreiteten, war diese Dreizehigkeit in vollendeter Weise entwickelt (Tobien 1959).

Mit dem Übergang in die Steppe wandelte sich auch das Gebiß: An die Stelle der bisher niederen treten ziemlich plötzlich auffallend hohe Zahnkronen, ein Entwicklungsschritt, der sich in enger Abhängigkeit von der pflanzlichen Nahrung vollzieht. Denn zur Miozänzeit kamen im Bereich der Blütenpflanzen die Gräser auf, welche die Steppen nun zu bedecken begannen. Ihre harten, gar mit Kieselsäurekristallen ausgestatteten Blätter erfordern aber hohe, trotz Abkauung haltbare Zähne. So förderte der nun grasbewachsene Steppenboden die Zahnentwicklung der Pferdeartigen und gab ihnen zugleich »grünes Licht« zu immer schnellerer Fortbewegung.

Während die Hipparionen Eurasiens die Dreizehigkeit bis zu ihrem Erlöschen beibehielten, führte die Entwicklung in Nordamerika unter erneuter Umkonstruktion des Fußskelettes zu jenem Extremitätentyp, bei dem der Mittelstrahl allein die gesamte Bewegungsfunktion übernimmt, während die zu Griffelbeinen reduzierten Seitenzehen funktionslos werden. Auf diese Weise entstand mit Beginn der Eiszeit das Pferd (Gattung *Equus*), das – wie früher *Hipparion* – nach Eurasien einwanderte und sich hier bis heute hielt, während es in seiner nordamerikanischen Heimat ausstarb, um erst in Begleitung des Menschen auch dort wieder heimisch zu werden.

Die Abwandlung der verschiedenartigen Merkmale in der Stammesgeschichte der Pferdeartigen vollzog sich nicht gleichmäßig, sondern bei einem Merkmal rascher, bei einem anderen langsamer, und umgekehrt. Es kam also zu Überschneidungen in der wechselnden Fortschrittlichkeit der einzelnen Organe, wie wir sie als »Mosaikentwicklung« auch sonst kennen (vgl. S. 160). Demnach besteht trotz des im Ergebnis so eindrucksvollen Aufstiegs von den Urpferden bis zu unserem vollendeten Rennpferd keine von innen her geradegerichtete und harmonisch gelenkte »Orthogenese« (d. h. geradlinige Entwicklung), sondern eine Veränderung der Organisation unter den keineswegs gleichmäßigen Einflüssen der Auslese. Da diese Selektion aber z. B. in den Grassteppen seit dem Miozän durch lange Zeit unter ähnlichen Bedingungen wirkt und manche Veränderungen, wie z. B. die Steigerung der Körpergröße, unter verschiedenen Bedingungen vorteilhaft sind, so kommt im Gesamtbild trotzdem eine gewisse Geradlinigkeit der Entwicklung durch »Orthoselektion« (geradlinige Auslese) zustande.

Eine fast noch geradlinigere Entwicklung läßt die Stammesgeschichte der *Rüsseltiere* (Proboscidier) erkennen, unter denen die Elefanten zu den seltsamsten Gestalten der gegenwärtigen Tierwelt gehören (Abb. 72).

Solche Gestalten aus der Geschichte des Lebens zu verstehen, ist eine der typischen Forschungsaufgaben der Paläontologie. Sie fragt dazu nach den Vorfahren und findet sie als weit bescheidenere, etwa kalbsgroße Tiere

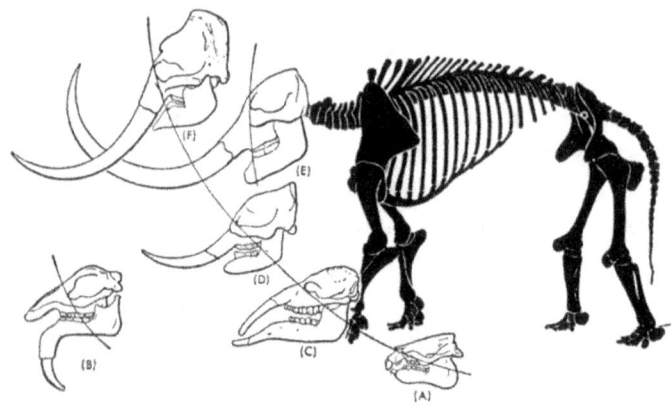

Abb. 72. Evolution der Rüsseltiere. Korrelative Änderung der Gestalt durch kontinuierliche Steigerung der Körpergröße, verbunden mit allometrischem Wachstum der vorderen Schneidezähne (»Stoßzähne«). A *Moeritherium* (Eozän), B *Deinotherium* (Jungtertiär, mit Zahnverlängerung zwecks Pflügens im Unterkiefer), C miozänes *Mastodon*, D E pleistozäne Mastodonten (Nordamerika), F pleistozäner Elefant (Waldelefant).

der Gattung Moeritherium in eozänen Ablagerungen am Mörisee Ägyptens, die ein Alter von rund 50 Jahrmillionen haben dürften. Bei *Moeritherium* begann ein auffallendes Wachstum der vorderen Schneidezähne, die bei den – in ihrem Gesamtkörper ebenfalls langsam größer werdenden – Nachfahren bald weit über das Maul heraustraten. Scharrend und pflügend dienten diese Zähne zunächst der Nahrungssuche, wurden bei weiterer Vergrößerung unter Funktionswechsel aber »Stoßzähne« zu Verteidigungszwecken. Bei dem im Pleistozän lebenden Mammut und seinen Verwandten sind sie zu gewaltigen Lasten geworden, die für jegliche Funktion zu schwer waren und auf die sich der ganze Körper einstellen mußte, wenn er ihnen nicht erliegen sollte. So kam es zu dem nun steil und hoch gebauten Schädel, der die in senkrechten Zahngruben verankerten und nach dem Hebelgesetz eingekrümmten Zähne eben noch zu tragen vermag; so zu dem Rüssel, der für Wasser und Nahrung sorgt, und zu den muskulösen Säulenbeinen. Die Natur hat dieser Tiergruppe während ihrer Geschichte also eine gewaltige Last aufgelegt, verlieh ihr aber mit der Möglichkeit der Veränderung durch Mutationen dennoch zugleich die Fähigkeit, die Last zu tragen und zu überleben.

Wieder erhebt sich die Frage, ob dieses durch Jahrmillionen anscheinend »nicht zu bremsende« Wachstum der Stoßzähne ein von innen her bestimmter, gleichsam geplanter, »orthogenetischer«, in diesem Falle zuletzt aber über jedes »vernünftige« Maß hinausschießender Vorgang ist oder ob er sich einem erkennbaren Sinne zuordnen läßt. Die darwinistische Deutung bejaht in der Tat diese zweite Alternative. Der Vorteil liegt in der Zunahme der Körpergröße. Sie bedingt wachsende Körperkraft und mit der relativen Verkleinerung der Körperoberfläche auch zunehmenden Wärmeschutz, der zumal in einer Eiszeit nützlich sein mußte. Mit der Körpergröße aber war, durch Koppelung der Merkmale im Genbestand, ein relativ noch stärkeres, allometrisches Wachstum der Stoßzähne unvermeidbar verbunden. Die mit der wachsenden Last einhergehenden Nachteile, der sich der Körperbau in der beschriebenen Weise anzupassen hatte, wurden gleichsam in Kauf genommen.

Es gibt übrigens auch einen Gesichtspunkt, unter dem selbst die beschwerlichen, bei den männlichen Tieren besonders großen Stoßzähne in der Auslese noch einen Vorteil bedeuten können: Nämlich das damit verbundene Imponiergehabe und Renommee, das bei den Paarungskämpfen als Ausdrucksmittel der individuellen Rangordnung von psychologischer Bedeutung ist (Schäfer 1959).

Daß sich auch die Säugetierfaunen nach Kontinenten und Gebieten besonders stark unterscheiden, ist jedermann bekannt. Die Abhängigkeit vom Klima ist wegen der Warmblütigkeit aber geringer als bei anderen Landtieren. Die diluvialen Vereisungen haben allerdings manche der vor der Eiszeit in der gemäßigten Zone lebenden Tiere verdrängt; ihre spätere Wiedereinwanderung aber scheiterte am Menschen, der auch am Erlöschen mancher der an das eiszeitliche Kaltklima angepaßten Großtiere (Mammut) beteiligt ist und die Säugetierwelt auch nachher weiter dezimiert hat. Die Vernichtung der die Inseln der Beringstraße bewohnenden Stellerschen Seekuh (Borkentier) noch im 18. Jahrhundert oder die gegenwärtig drohende Ausrottung des Blauwals sind tragische Beispiele dafür.

Eine besondere Rolle für das Gesamtbild der Säugetierwelt spielen die Veränderungen der Wanderwege. Wenn es in Australien außer dem spät dorthin gelangten Dingo von Natur aus keine einheimischen höheren Säugetiere, sondern nur Schnabel- und Beuteltiere gibt, so muß die Verbindung zu Asien offenbar nach der Entstehungszeit dieser altertümlichen Gruppen, aber noch vor jener der höheren (plazentalen) Säugetiere abgerissen sein. Das ist die Ursache dafür, daß die Beuteltiere in Australien die höheren Säugetiere vertreten, deren Konkurrenz sie in Eurasien erlagen. Viele andernorts verschlossene Möglichkeiten standen in Australien ihrer Entfaltung offen. Deshalb gibt es im australischen Tertiär kleine und große, pflanzen- und fleischfressende, ja sogar in Anfängen an das Wasser- und Flugleben angepaßte Beutler, also einen Reichtum der Gestaltung wie in dieser Tiergruppe sonst nirgends auf der Welt. Nach Neuseeland dagegen sind erstaunlicherweise auch diese primitiven Säuger nicht gelangt; es blieb eine Insel ohne Säugetiere.

Der zweite Kontinent, in dem es heute noch eine Anzahl von Beuteltieren gibt, ist Südamerika. Sie haben sich dort, von den australischen Verwandten abgeschnit-

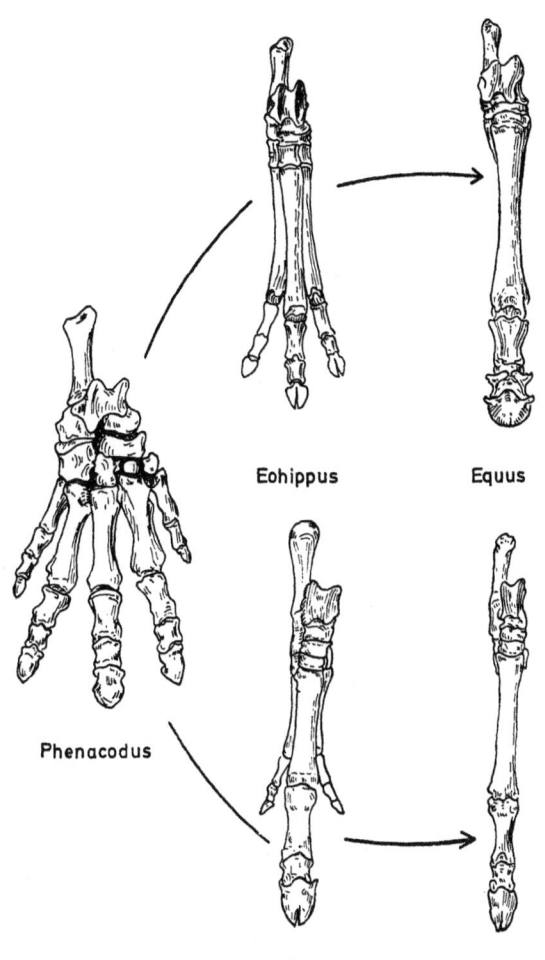

Abb. 73. Konvergente Entstehung von Einhufern bei den nordamerikanischen Hippomorpha = Pferdeartigen (oben) und bei den südamerikanischen Litopterna (unten). Links *Phenacodus*, als alttertiäres Urhuftier im Wurzelbereich aller Huftiere. (Ohne Maßstab, *Thoatherium* nur hasengroß.)

ten, zu anderen Gattungen entwickelt. Denn das genetische Geschehen und das die Auswahl bestimmende Zusammenspiel mit der Umwelt vollzieht sich in getrennten »Bevölkerungen« (Populationen) und Räumen natürlich nicht in gleicher Weise. Aber im Tertiär Südamerikas existierte auch eine reiche Welt höherer Säugetiere, die jedoch ebenfalls ein von Nordamerika, Eurasien und Afrika weithin abweichendes Bild bietet. Das kommt daher, daß die zu Beginn der Tertiärzeit (im Paläozän) sich entfaltenden höheren Säugetiere Südamerika im Gegensatz zu Australien noch erreichen konnten, allerdings nur mit einigen ihrer frühen, urtümlichen Vertreter. Dann aber tauchte die mittelamerikanische Landbrücke für lange Zeit streckenweise unter den Meeresspiegel. Durch diese Isolierung nahm die stammesgeschichtliche Entfaltung der südamerikanischen Placentalier ein anderes Gesicht an als die aus gleicher Wurzel stammende Säugerfauna Nordamerikas und des über die Aleuten damit verbundenen Eurasiens. So entwickelten sich in Südamerika die fremdartig gepanzerten Gürtel- und die seltsamen, in manchen Formen riesigen Faultiere. Aus Urhuftieren aber ging die Formenvielfalt der auf Südamerika beschränkten »*Südhuftiere*« (Notungulata) hervor, deren fünf- bis dreizehige Extremitäten allerdings mehr denen von Nagern und Fleischfressern als denjenigen unserer Huftiere gleichen. Paarhufer kamen nicht zur Ausbildung. Dagegen entwickelten sich in der Gruppe der Litopterna, die ebenfalls auf die Urhuftiere zurückgehen, pferdeähnliche Formen, die es mit dem kleinen *Thoatherium* schon im Miozän zu echter Einhufigkeit brachten (Abb. 73). Hier erreichte die Natur also schon früher als bei den »echten« nordamerikanischen Pferdeverwandten das bezeichnende Merkmal der Pferde. *Thoatherium* ist also ein »Pseudopferd« und damit eines der schönsten Beispiele einer »Konvergenz«, d.h. einer Übereinstim-

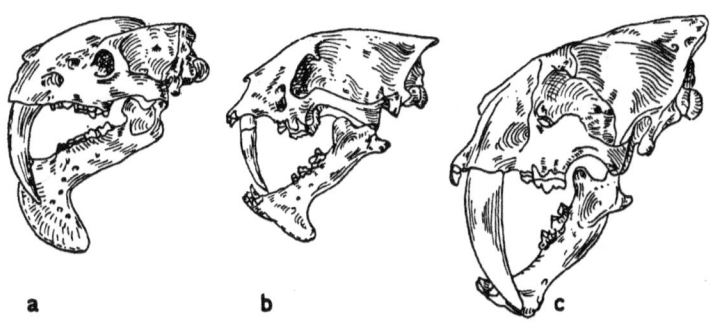

Abb. 74. *a Thylacosmilus* (Beuteltier, Jungtertiär Südamerikas) sowie die damit konvergenten Plazentalier *b Dinictis* und *c Smilodon* (Säbelzahntiger, Jungtertiär Nordamerikas und Europas).

mung, die nicht auf näherer Verwandtschaft, sondern auf der Bevorzugung ähnlicher Mutanten im Zusammenspiel mit einer ähnlichen, ebenfalls steppenartigen Umwelt beruht. Solche Konvergenzen beziehen sich natürlich nie auf alle Eigenschaften eines Organismus, lassen sich aber an fossilem Material oft nur schwer von einer echt verwandtschaftlichen Beziehung unterscheiden. Die grundsätzliche Erkenntnis solcher konvergenten Ähnlichkeiten, für die ja vor allem auf das Beispiel von Ichthyosauriern und Walen verwiesen werden kann, geht auf den deutschen Paläontologen Hermann von Meyer zurück. Er stellte 1844 fest, daß es nicht nur die von Cuvier entdeckte Korrelation der Skeletteile innerhalb eines Organismus gäbe, sondern – bei deren voller Gültigkeit – zuweilen auch eine irreführende Ähnlichkeit zwischen Organismen ganz verschiedener verwandtschaftlicher Stellung.

Der bezeichnendste Charakterzug der tertiärzeitlichen Säugetierfauna Südamerikas ist das Fehlen höherer Raubtiere. Statt dessen haben sich unter den dortigen Beuteltieren eine Anzahl marder-, hunde-, hyänen- und katzenartiger Typen entwickelt, deren gefährlichster Vertreter *Thylacosmilus* war, ein Beuteltiger, wie ihn Australien nicht hervorgebracht hat. Sein Schädel mit den gewaltigen oberen Eckzähnen gleicht fast genau jenem des Säbelzahntigers *Dinictis* und auch *Smilodon* unter den höheren Säugern, die im Jungtertiär Eurasiens und Nordamerikas – hier sogar bis ins Pleistozän – lebten: also wiederum konvergente Gestaltung von ganz verschiedener Ausgangsbasis her (Abb. 74).

Die südamerikanischen Pflanzenfresser lebten also zwar nicht in einem isolierten Paradies, mit ihren der Rangordnung nach tieferstehenden Verfolgern aber in einem durch lange Zeit ungestörten Gleichgewicht, bis ein erdgeschichtlicher Vorgang eine für die Geschichte des Lebens einmalige Katastrophe herbeiführte. Die mittelamerikanische Landbrücke hob und schloß sich nämlich gegen Ende der Tertiärzeit wiederum und erlaubte von neuem den Austausch der Fauna mit Nordamerika. So gelangte z. B. das heute erloschene Riesenfaultier *(Megatherium)* noch nach Norden oder Elefanten und ein Vertreter der echten Pferde *(Hippidion)* nach Süden. Vor allem aber wanderten nun die höheren Raubtiere nach Südamerika ein, zerstörten das dort bestehende Gleichgewicht und hausten unter der einheimischen Tierwelt bis zur Vernichtung der Mehrzahl ihrer Vertreter. Was an Baumfaultieren, Ameisenfressern, Gürteltieren und Beuteltieren davon übrigblieb, ist ein im Vergleich zur Tertiärzeit nur noch bescheidener Restbestand. Daß freilich auch manche Raubtiere, z. B. der Einwanderer *Smilodon,* heute erloschen sind, zeigt, daß bei der Wiederherstellung eines neuen Gleichgewichts auch hier nicht allein die nackte Gewalt, sondern zugleich andere, schwer faßbare Einflüsse mit ihm Spiel waren.

Auch die *Primaten,* die im Menschen die höchste Organisationsstufe erreicht haben, lassen sich schon in der frühen Tertiärzeit als eigener Stamm erkennen. Sie müssen sich in der späten Kreidezeit aus jener zukunftsträchtigen Wurzel insektenfresserartiger Kleinsäuger abgespalten haben, aus der die Fülle der höheren Säugetiere überhaupt hervorging. Die ostasiatischen Spitzhörnchen, die man als sehr primitive Vertreter der Halbaffen (Lemuren) bezeichnen kann, stehen dieser Wurzelgruppe noch heute nahe, haben also durch lange Zeiten nur geringe Veränderungen erfahren. Schon im Eozän entwickeln sich aus und von nun an neben den Halbaffen die höheren Affen, die infolge geographischer Trennung einerseits den Kreis der südamerikanischen »Breitnasen« und den anderen der altweltlichen »Schmalnasen« bilden. Von den Altweltaffen der Miozänzeit führen mehrere Wege zu den heutigen Menschenaffen (Gibbon, Orang-Utan, Gorilla, Schimpanse), die sich durch zunehmende Verlängerung ihrer Arme zu Schwing- und Hangelkletterern in den tropischen Urwäldern entwickelten.

Die verbreitete Formulierung, daß der Mensch vom Affen abstamme, veranlaßt bei Lesern, die über solche Dinge nicht selbst nachzudenken gewohnt sind, manchmal die Vorstellung unserer Herkunft von einer dieser Menschenaffengattungen, unter denen der Schimpanse bis in das Blutbild hinein die größte Zahl menschlicher Merkmale hat. Dagegen sind gewiß nicht gefühlsmäßige, wohl aber wissenschaftliche Gründe ins Feld zu führen. Schon Haeckel sah sich 1868 veranlaßt, »ausdrücklich hervorzuheben, was eigentlich selbstverständlich ist, daß kein einziger von allen jetzt lebenden Affen der Stammvater des Menschengeschlechtes sein kann. Von denkenden Anhängern der Abstammungslehre ist dies auch niemals behauptet worden. Die affenartigen Stammeltern des Menschengeschlechtes sind längst ausgestorben. Vielleicht werden wir ihre versteinerten Gebeine noch dereinst in Tertiärgesteinen des südwestlichen Asiens oder Afrikas auffinden.«

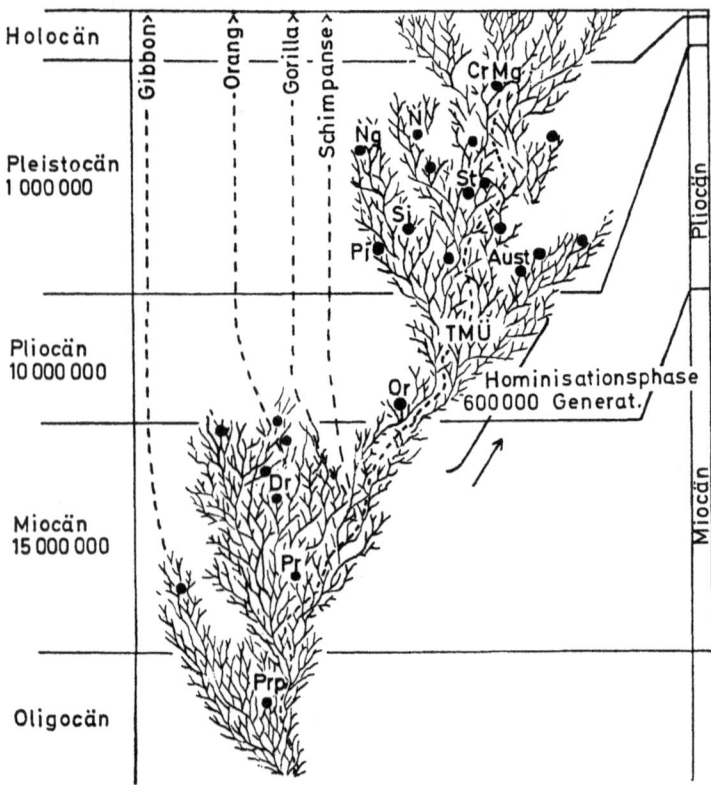

Abb. 75. Netz der Evolutionswege, wie sie aus gemeinsamer Wurzel zu den Menschenaffen und Menschenartigen führten. Die schwarzen Punkte zeigen die dem schematisch gezeichneten Netz zugrundeliegende Funde an. *Prp Propliopithecus, Pr Proconsul, Dr Dryopithecus, Aust Australopithecus, Or Oreopithecus, Si Sinanthropus, Pi Pithecanthropus, N Neandertaler, Ng Ngandong-Mensch* (Ost-Java), *St Steinheimer Mensch, CrM Mensch von Cro Magnon* (ein früher *Homo sapiens*), *TMÜ Tier-Mensch-Übergangsfeld.*

Die langen Schwingarme und die großen, zum Aufbrechen von Früchten geeigneten Eckzähne der Menschenaffen sind eine seit der Miozänzeit (Jungtertiär) sich anbahnende Spezialisierung. Es erschien lange unwahrscheinlich, daß der Mensch, von so spezialisierten Vorfahren herkommend, zu kürzeren Armen und zum Bodenleben zurückgekehrt sein könnte. Man nahm deshalb an, daß der menschliche »Eigenweg« vor jedem Baumbewohnertum, also spätestens im Jungtertiär vor 10–20 Mio Jahren begonnen habe (Abb. 75). Neuerdings gibt es aber, z. B. in der noch immer relativ erheblichen menschlichen Armlänge, Indizien dafür, daß die menschliche (hominide) Entwicklungslinie doch eine Phase des Baumlebens durchgemacht habe (Franzen 1972).

In diesem Zusammenhang sind jüngste Untersuchungen des Menschen unter den Bedingungen der Schwerelosigkeit von Interesse. Es hat sich gezeigt, daß es beim Menschen nach einigen Tagen in der Schwerelosigkeit zu Veränderungen von Körperhaltung, Muskelspiel und Knochenzusammensetzung kommt, wobei man einen Verlust von Knochenkalzium im Bereich der Tibia und einen Einbau von Kalzium in die Oberarmknochen beobachtet. Bislang gibt es für dieses Phänomen keine hinreichende Erklärung, und es wird daran gedacht, ob es beim Eintritt der Schwerelosigkeit zur Reaktivierung entwicklungsgeschichtlich genetisch alter, physiologischer Programme kommt, wie dies in der Psychologie vielfach (z. B. Aggressionsverhalten) beschrieben und anerkannt wird (Kirsch u. Gunga 1988). Zwischen dem einstigen Sprung im Geäst und den physiologischen Reaktionen in der heute technisch ermöglichten Schwerelosigkeit könnte also ein Zusammenhang bestehen.

Der Entwicklungsgang des Menschen

Dort, wo sich die zum Menschen führende Linie (als Hominiden) von den weiteren Entwicklungswegen seiner heutigen tierischen Nächstverwandten (Gorilla und Schimpanse) vor etwa 5 Mio. Jahren trennte, begann der erwähnte Eigenweg. An seinem Beginn stand der Übergang zu vollem Bodenleben in den damals sich ausbreitenden Savannen Afrikas, der Wiege der Menschheit. Hier gewann der frühe Mensch den aufrechten, Übersicht gewährenden Gang, der Arme und Hände freimachte. Bei den Frauen dürften Baby-Tragegurt, Grabstock und ein Behälter auf ihren weiten, der Nahrungssuche geltenden Wegen zu den frühesten Utensilien gehört haben (Ziehlmann 1985/86). Den Männern erlaubten zweckgefertigte Werkzeuge ein verbessertes Jagen und Zerlegen des erbeuteten Wilds zur Ergänzung der bisher vor allem aus Pflanzen und Kleintieren bestehenden Kost.

Zu all diesen neuen Verrichtungen bedurfte es wachsender geistiger Fähigkeiten, die an die unter Auslese sich vollziehende Größenzunahme des Gehirns gekoppelt waren (Abb. 76). Dazu kam die schon im Tierreich erforderliche Abgrenzung eines Jagdreviers. Diese mußte nun infolge der Ausstattung mit Werkzeugen bzw. Waffen zur Verteidigung gegen und auch zum Angriff auf benachbarte Horden führen, also zu einer Kriegführung, wie sie un-

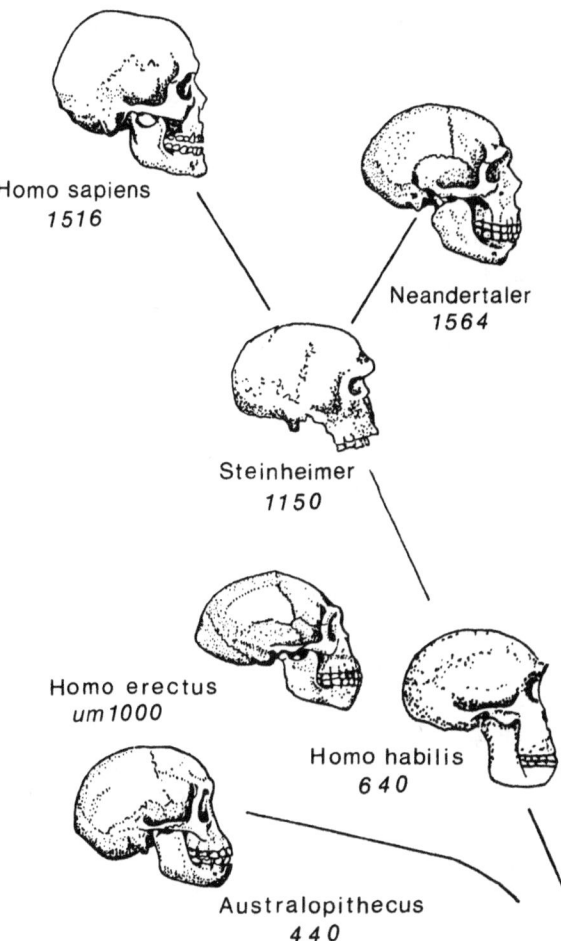

Abb. 76. Hauptvertreter der pleistozänen und holozänen Hominiden. *Homo erectus* umfaßt die frühen »Gattungen« *Sinanthropus* und *Pithecanthropus,* die vermutlich ebenso wie *Australopithecus* etwas abseits der Hauptlinie stehen. (Nicht maßstäblich; die Zahlen bezeichnen die durchschnittliche Schädelkapazität).

ter Tieren ein und derselben Art nicht gängig ist. Mit zunehmendem Geist und Gedächtnis traten die angeborenen instinktiven Fähigkeiten zugunsten des Erlernens des erworbenen technischen Vermögens von schon erfahrenen Eltern in den Hintergrund, was eine völlig neue Beziehung zur Umwelt mit sich brachte: statt sich anpassender Einnischung in eine nur gegebene Umwelt kam es erstmals zu aktivem, weltoffenem Verhalten; der frühe Mensch begann, sich die Umwelt in fortschreitendem Maße verfügbar zu machen und sie seinen Bedürfnissen anzupassen.

Das Fundgut

Schon vor 4 bis 5 Mio. Jahren erschienen die süd- und ostafrikanischen Australopitheciden (»Südaffen«) mit noch äffischem Gehirnvolumen von nur 400–500 ccm, aber schon aufrechtem Gang, einem Merkmalsmosaik, das zu der Frage »Noch Tier oder schon Mensch?« Anlaß gibt. Bislang ältester Vertreter ist der 1994 mit 17 Exemplaren in Äthiopien entdeckte *Australopithecus ramidus* (ramid heißt in der Afarsprache Wurzel, Ursprung). Fortgeschrittenen Australopitheciden gelang vor rund zwei Mio. Jahren die Herstellung einfacher Steinwerkzeuge als echt menschliches Vermögen im Unterschied zu der bloßen Verwendung vorgefundener Hölzer, Steine oder Knochen. Eine hierher gehörende Urmenschenform wurde *Homo habilis,* d. h. der geschickte Mensch, genannt (Jüngste Daten aus »Geo« 1995, Heft 1.)

Vor etwa 1,6 bis 0,25 Mio Jahren lebte der *Homo erectus* mit 700 bis 1250 ccm Gehirnvolumen, der sich schon zu Beginn seines Auftretens erstmals über Afrika hinaus nach Eurasien auszubreiten begann. Sein heute nicht mehr gebräuchlicher Gattungsname *Pithecanthropus* (»Affenmensch«; *erectus* = aufrechtgehend), wurde von Haeckel gegeben, als er aus bestimmten Erwägungen heraus Funde einer tierisch-menschlichen Zwischenform in Südasien prophezeite. Der holländische Anatom und Anthropologe E. Dubois wagte daraufhin die Suche auf Java und – fand (eine erstaunliche Tatsache!) dort Skelettreste, die sich im Sinne der Prophezeiung deuten ließen. Volle Sicherheit über die frühmenschliche Natur dieser Funde besteht aber erst seit 1937, als R. v. Koenigswald auf Java weitere und dabei noch ältere *Pithecanthropus*-Reste fand. Von *Sinanthropus* wurden aus einer lange Zeit von dieser Menschenart besiedelten Höhle bei Peking zahlreiche Schädel und andere Skelettteile samt der Jagdbeute geborgen, die freilich im zweiten Weltkrieg bei einem Schiffstransport großenteils verlorengingen. Zahlreiche am Hinterhaupt aufgebrochene Schädel lassen darauf schließen, daß es sich um einen Stamm kannibalischer Kopfjäger handelte. Hier scheint sich jene Dunkelseite der menschlichen Natur, die im Unterschied zu den meisten Tieren auf Artgenossen Jagd macht, schon in der Vorzeit anzuzeigen. Das bei *Pithecanthropus* anhand von Aschenlagen erstmals sicher nachgewiesene Feuer weist auf seine von nun an prometheische Natur.

In die Nähe dieser südasiatischen Funde gehört auch der im Jahr 1908 in Sanden einer verlassenen Neckarschlinge bei Heidelberg gefundene, etwas fortschrittlichere Heidelberger Unterkiefer als bisher ältester Menschenrest auf europäischem Boden. – Die noch große Mundpartie, die starken Überaugenwülste, die so gut wie fehlende Stirn und der gröbere Bau der Zähne lassen an den genannten alteiszeitlichen Formen beim Vergleich mit dem heutigen Menschen primitive, an die tierischen Ahnen erinnernde Züge erkennen.

Einen wesentlich moderneren Eindruck macht ein bei Steinheim a.d.Murr in Württemberg, nahe der Schillerstadt Marbach, gefundener Schädel mit einem Alter von rund 250 000 Jahren. Als Werkzeug herrschte noch immer der schon seit Jahrhunderttausenden gebrauchte Faustkeil. »Er ist unvergleichlich länger als jeder andere Werkzeugtypus hergestellt worden« (Smolla 1967).

> Die heutige Einbeziehung von *Pithecanthropus, Sinanthropus* und anderer Gattungsnamen sowie sogar des Australopitheciden *H. habilis* in die Gattung *Homo* hängt damit zusammen, daß die ganze gegenwärtige Menschheit mit all ihren Abstufungen ohne Paarungsschranken ist, also **einer** biologischen Art angehört. Ihre erwähnte Weltoffenheit ließ es nicht zur Trennung kommen, auch wenn in der technischen Entwicklung zurückbleibende Populationen wie heute immer wieder in Isolation, damit aber in den Untergang gerieten. So kam es statt sich differenzierender Gattungen und Arten zu einem Entwicklungsnetz (s. Abb. 75) der einen Gattung *Homo*, in der auch die Bezeichnungen *habilis, erectus, heidelbergensis, neanderthalensis, steinheimensis, sapiens* nur noch Entwicklungsstufen von *Homo* sind. Als Artname bleibt in solcher Sicht nur der von Linné geprägte älteste, nämlich sapiens, für alle gültig. Paläontologisch läßt sich diese Stufenfolge aber auch als zeitliche Folge von Unterarten (Chronospezies) verstehen, während die kladistische und die punktualistische These Aufspaltungs- und Artbildungsereignisse in kleinen Randpopulationen für unumgänglich halten (Stanley 1983), ohne daß wir hierüber bisher Näheres wüßten.
> Den heutigen Menschen kommt dann der Unterartname *Homo sapiens sapiens*, »der Zweimal-Kluge«, zu – welch ein von uns so oft mit Füßen getretenes Programm!

Dem Steinheimer Menschen folgt um den Beginn der Würmeiszeit vor rund 80 000 Jahren der Typus des

Neandertalers *(Homo sapiens neanderthalensis),* dessen erste Funde 1856 in einer durch Kalksteingewinnung geöffneten Höhle im Neandertal östlich Düsseldorf ans Tageslicht kamen. Das Tal trägt seinen Namen nach dem einstigen Düsseldorfer Lateinlehrer und geistlichen Liederdichter Joachim Neumann = Neander (1650–1680), der sich in der heute durch Steinbruchbetrieb weitgehend zerstörten Romantik der Talschlucht zu ergehen pflegte. Der berühmte Anatom Virchow lehnte die Urmenschendeutung mit dem Hinweis ab, daß es sich um ein abartig-primitives Glied der heutigen Menschheit handele (Spengler: »Den Neandertaler trifft man in jeder Volksversammlung«). Spätere Funde über ganz Europa bewiesen aber, daß der Neandertaler nicht einen atypischen Vertreter der heutigen, sondern einen durchaus typischen Vertreter einer älteren Menschheit darstelle. Wichtig ist die bei ihm erstmals nachgewiesene Bestattung seiner Toten, also deren künstliche »Einbettung«, die von nun an auch die vorher unwahrscheinliche Erhaltung ganzer Skelette ermöglicht. Trotz auffallend großen Schädels, der schon das Gehirnvolumen des heutigen Menschen erreichen kann, spricht manches dafür, daß der Neandertaler Mensch einem Seitenzweig angehörte und nicht auf der direkten Linie zum *Homo sapiens sapiens* lag, dessen Typ wir erst etwas später, seit der altsteinzeitlichen Stufe des Aurignacien, begegnen. Er tritt vor etwa 30 000 Jahren in der Form des Cro-Magnon-Menschen (Fundort in der Dordogne, Frankreich) auf. Wie sich die Ablösung des Neandertalers durch den »Vollmenschen« vollzog, der dann in zuletzt so rasanter Entwicklung zum modernen Menschen unserer Zeit wurde – durch gewaltsame oder friedliche Verdrängung bzw. Vermischung – wissen wir nicht. Höhlenmalereien und Elfenbeinschnitzkunst weisen diesen schon vor rund 30 000 Jahren als reflektierenden Beobachter und Künstler aus, wobei die Deutung zwischen religiöser Symbolik, Jagdzauber und reiner Freude an der künstlerischen Darstellung schwankt. Da sich der Aufstieg des Menschengeschlechtes in der Eiszeit vollzog, kann mit einer Förderung durch die Unbilden der Natur und die Härte des Lebenskampfes gerechnet werden, in dem die mit wachsendem Gehirn sich steigernden geistigen Fähigkeiten – vor allem auch im Rahmen der Großwildjagd – Voraussetzung des Überlebens waren. Zur Domestikation von Pflanzen und Tieren kam es wohl erst vor rund 10 000 Jahren (Zichlmann).

Tier und Mensch

Wir sind damit »bei uns selbst«, also da, wohin schon der erste Satz dieser Betrachtung über die »Naturgeschichte des Lebens« uns wies. Wir haben die Etappen kennengelernt, über die sich die menschliche Gestalt allmählich durch Hunderte von Jahrmillionen schon im Tierreich vorbereitet und »heraufgebildet« hat, wie der deutsche Naturforscher Tauscher bereits 1818 treffend schrieb. Lunge, Nasenöffnung und Tränengang z. B. sind schon ein Erbe aus der Welt der Fische des Erdaltertums, Hals und fünfstrahlige Extremitäten finden sich bei den ersten Lurchen der Devonzeit. Die Fünfstrahligkeit hat sich in der weiteren Entfaltung der Landwirbeltiere vielfach abgewandelt, bis hin zu dem einzehigen Fuß des Pferdes oder zu der sekundären Flossengestalt bei den ins Meer zurückgekehrten Sauriern und Säugern. Bei manchen Gruppen aber blieb sie erhalten, so an Hand und Fuß der Primaten bis hin zum Menschen. Die mangelnde Spezialisierung, die wir hinsichtlich unserer Hand also bewahrt haben, steht mit ihrer erstaunlichen Vielseitigkeit und Geschicklichkeit nicht im Widerspruch: Denn das spezialisierte Pferd kann damit nur rennen und schlagen; der Seehund kann damit nur rudern. Wir aber vereinigen in unserer dank dem aufrechten Gang freigestellten Hand – nun unter Leitung des Geistes – noch alle jene Möglichkeiten, die schon in der Devonzeit in dieser »Erfindung« der Natur beschlossen lagen, ehe sich diese Möglichkeiten durch stammesgeschichtliche Differenzierung auf die verschiedenen Entwicklungsgruppen der Landwirbeltiere verteilten.

Ähnlich reicht der Bau des Gelenks an unserer Schädelbasis bis in die Karbonzeit, der unseres Jochbogens bis zu den Sauriern der Permzeit, der des Innenohrs bis zu den ersten Säugern am Beginn der Jurazeit zurück. Ihre von der Wissenschaft aus Boden und Gestein geborgenen Knochen gehen uns also gleichsam persönlich etwas an, weil die Natur an ihnen entscheidende Körpermerkmale unserer eigenen Gestalt erprobt hat, die sich offenbar bewährten und deshalb seither nicht mehr wesentlich verändert wurden.

Auch alles, was wir an gegenwärtig sich vollziehenden körperlichen Veränderungen der Menschheit kennen, hat im Tierischen seine Parallelen: so die Reduktion des Gebisses, die wir heutigen Menschen insbesondere an der Verkümmerung der »Weisheitszähne« erleben, und die sich in der Entfaltung der Saurier und Säuger wiederholt bis zur Zahnlosigkeit vollzog.

Die menschliche Gesichtsmuskulatur entspricht derjenigen, die im Kiemenbereich der Fische Wasser zu pumpen hat. Sie liegt bei Fischen, Amphibien und Reptilien unter den Knochen der Schädelkapsel. Bei den Säugetieren dagegen verlagerten und erweiterten sich Teile dieser Knochen zum unmittelbaren Schutz des – bei Reptilien weniger geschützten – Hirnraums in das Schädelinnere, wodurch die Muskulatur nach außen trat und hier nun beim Menschen die neue, ihm in besonderer Weise eigene Rolle der Mimik übernehmen konnte.

Jüngst ergab sich sogar, daß bei der Taufliege *Drosophila* und dem Menschen das gleiche Gen für die Bildung des doch durchaus unterschiedlich konstruierten Auges zuständig ist. »So hallt in jeder unserer Körperzellen das Echo einer Millionen Jahre alten Vergangenheit« (E.-L. Winnacker 1995), in diesem Falle aus gemeinsamer Wurzel im frühen Erdaltertum oder schon Präkambrium, nach.

Die Anatomie kennt mehr als 300 körperliche Merkmale, die ausschließlich dem Menschen zukommen, darunter freilich nur wenige auffallende. Zu ihnen gehört in erster Linie die besondere Art des aufrechten Ganges, die den Menschen auszeichnet und gewiß etwas Neues, Einzigartiges, aber doch zweifellos allmählich Gewordenes und Errungenes darstellt. Außerdem ist es die starke relative Vergrößerung des Gehirns in immer dünnerer Schädelkapsel – unsere eigentlich menschliche »Spezialität«, welche unsere sonstigen, zum Teil primitiv gebliebenen körperlichen Anlagen in einzigartiger Weise auszuwerten erlaubt.

Aber auch diese Gehirnvergrößerung ist im Tierreich gleichsam von langer Hand her vorbereitet und hat dort außerdem manche Analogien. Denn auch andere Organismengruppen sind, wie wir sahen, durch geradezu exzessive Vergrößerung eines oder mehrerer Organe geprägt: Bei den Flugsauriern ist es je ein, bei den Fledermäusen sind es mehrere Finger. Bei den Giraffen ist es der lange, durch die Höhe der Beine erzwungene Hals. Beim Elefanten sind es die Stoßzähne und der Rüssel. Beim Menschen ist es das Gehirn. Und auch mit ihm sind wie mit jeder Spezialisierung und aus der Norm fallenden Größensteigerung eines Organs Vorteile und Gefahren zugleich verknüpft. Wiederholt haben übersteigerte Organbildungen ihre Träger in der erdgeschichtlichen Vergangenheit aussterben lassen. Auch uns wird das spezialisierte menschliche Gehirn heute zur Gefahr – und wir können nur hoffen, daß die mit diesem Organ in besonderer Weise zugleich gegebenen rettenden Kräfte überwiegen.

Eine berühmte Fälschung

In der ersten Hälfte unseres Jahrhunderts hat ein Schädelfund viel von sich reden gemacht, der Ch. Dawson, einem angesehenen, der Vorgeschichtsforschung ergebenen englischen Anwalt im Jahre 1908 in einem Steinbruch des Piltdown-Tales in Sussex (Südengland) gelungen zu sein schien. Die begleitende Tierwelt wies auf sehr hohes Alter, nämlich frühes Pleistozän. Im Jahre 1912 will Dawson im Beisein eines bekannten Fachwissenschaftlers an der gleichen Stelle noch einen Unterkiefer gefunden haben. Das Erstaunliche war dessen geradezu äffische Primitivität im Verhältnis zu dem schon auffallend fortschrittlich entwickelten Oberschädel, der bereits an einen modernen Menschen gemahnte. Trotzdem überwog die Meinung, daß die beiden Fundstücke zusammengehörten. Das bedeutete aber, daß schon zu Beginn der Eiszeit eine Schädel- und Gehirngröße erreicht gewesen sein mußte, die sich nicht mit einem allmählichen Aufstieg der Menschheit und dem Zeugnis der übrigen Funde in Einklang bringen ließ. Gerade diese Schwierigkeit schien jedoch von so faszinierendem Interesse zu sein, daß für den Entdecker, der 1916 starb, im Jahre 1939 an der Fundstelle eine Gedenktafel enthüllt wurde.

Im November 1953 aber berichtete die Zeitschrift des Britischen Museums für Naturgeschichte in einer kurzen Mitteilung, daß der Piltdown-Schädel als Ganzes eine mutwillige Fälschung darstelle, wie sie in der Geschichte paläontologischer Entdeckungen keine Parallele hat. Altersbestimmungen mit modernen chemischen Methoden hatten ergeben, daß der Schädel zwar fossilen Charakter aufwies, nämlich einem vor etwa 50 000 Jahren lebenden Homo sapiens angehörte, der Unterkiefer aber künstlich patiniert wurde und von einem rezenten Menschenaffen stammte. Während man früher den Finder selbst der Fälschung verdächtigte, scheinen jüngste Recherchen auf A. C. Doyle, den Verfasser der Sherlock-Holmes-Geschichten, zu weisen, der in der Nähe des Fundorts wohnte und den Streich zu Lasten der ihm unsympathischen etablierten Wissenschaftler ausgeheckt habe. Die paläontologische und anthropologische Wissenschaft war mit der Entlarvung von einem unlösbaren Problem befreit, das einige ihrer besten Geister jahrelang in Anspruch genommen hatte; aber sie war auch um die bittere Lehre reicher, daß der *Homo sapiens* seine Klugheit selbst auf dem geweihten Boden der Forschung nicht immer mit der nötigen Zucht gebraucht.

Der bescheidene Darwin

Es gibt Leute, die die Herkunft des Menschen aus dem Tierreich aus gefühlsmäßigen oder dogmatischen Gründen ablehnen und auf die der Name von Charles Darwin, dem ersten großen Bannerträger dieser Erkenntnis, wie ein rotes Tuch wirkt. Darwins ebenso große wie zurückhaltende und bescheidene Forscherpersönlichkeit gibt zu solcher Antipathie indessen keinerlei Anlaß. Als ihn ein Freund vor der Herausgabe des berühmten Buches »Der Ursprung der Arten« (1859) fragte, ob er auch den Menschen in seine Betrachtung einbeziehen wolle, erwiderte Darwin: »Ich gedenke das ganze Kapitel zu vermeiden, da es so sehr von Vorurteilen umgeben ist, obgleich ich vollständig zugebe, daß es das höchste und interessanteste Problem für den Naturforscher darstellt.« Als er dann später doch mit einem Buch über die Abstammung des Menschen an die Öffentlichkeit trat, schrieb er in seiner Selbstbiographie: »Meine Ansichten sind häufig grob entstellt, mit Bitterkeit angegriffen und verächtlich gemacht worden. Es ist das aber, wie mir scheint, meist in gutem Glauben geschehen.« Darwin selbst wurde über seiner Forschung zum ehrfürchtigen Agnostiker, dessen ebenso vornehme wie bescheidene Menschlichkeit beispielhaft war.

Haeckel war nicht so zurückhaltend; auch er war zwar ein glänzender Naturforscher, aber zugleich ein polemischer Geist, so daß die Auseinandersetzung zwischen Naturforschung und Kirche eine wohl unnötige, von beiden Seiten verschuldete Schärfe annahm.

Die Sonderstellung des Menschen

Wir brauchen heute nicht mehr so zurückhaltend zu sein wie Darwin und nicht so polemisch wie Haeckel. Uns bleibt gar nichts anderes übrig, als die natürliche Existenz des Menschen in engem blutsmäßigen Zusammenhang mit der übrigen geschöpflichen Natur zu sehen, aus der er hervorgegangen ist. Diese Tatsache braucht freilich keineswegs jedermann zu interessieren. Denn trennen uns von den Menschen der frühen Hochkulturen, deren Denken und Fühlen uns in mancher Hinsicht schon fremd genug erscheinen kann, einige hundert Generationen, so schalten sich zwischen uns und jene Schwelle vom Tiere her zu Beginn des Pleistozäns wohl mindestens 50 000 Generationen ein. Dieser Abstand ist zu groß, um noch irgendeine »Fühlungnahme«, irgendeinen Einfluß auf die Wertung menschlicher Existenz von der Erkenntnis jener Abkunft her zu erwarten. Auch gab es ja höchste menschliche Leistungen und auch tiefste, metaphysisch geortete Einsichten in menschliches Wesen schon lange vor dieser erst ein gutes Jahrhundert alten naturwissenschaftlichen Einsicht. Nur sollte deren Ablehnung mit unsachlichen Argumenten ausgeschlossen sein.

Auch die menschlichen Geisteskräfte dürfen nicht isoliert vom übrigen Entwicklungsgeschehen betrachtet werden. Sie sind zwar gewiß etwas Neues, aber auch Vernunft und Geist haben ebenso gewiß ihre Vorstufen im Tierreich und sind zudem an körperliche Voraussetzungen gebunden. So dürfte die mit der Aufrichtung des Körpers verbundene Entlastung der Mundhöhle von jener Muskulatur, die den horizontal getragenen Säugerschädel stützt, zusammen mit anderen Umbildungen im Zungenbereich und der schon viel älteren »Erfindung« des Ohrs zu den Voraussetzungen einer artikulierten Sprache beigetragen haben. Aus solchen Anfängen hat sich zusammen mit der fortschreitenden Vergrößerung des Gehirns im Laufe von Jahrhunderttausenden durch immer stärkere Differenzierung die Sprach-, Schrift- und Musikkultur des heutigen Menschen, seine Gedächtnis- und Gedankenwelt entwickelt. So hat er seine geistig bestimmte Weltoffenheit gewonnen, die ihn allein befähigt, seine Beziehung zu den so verschiedenartigen Umweltbedingungen aktiv zu bestimmen, ja diese oft widrige Welt sich und seinen Lebensbedürfnissen gefügig zu machen, sie schöpferisch mit seinem Geist zu erfüllen und zu durchdringen. Es dürfte dem tieferen Blick nicht verborgen bleiben, daß sich diese geistige Entwicklung mit naturwissenschaftlichen Mitteln nicht letztlich und gänzlich erklären und erfassen läßt. In jeder Entwicklung, ganz besonders aber hier, ist das nur metaphysisch erahnbare Geheimnis unfaßlicher Schöpferkraft begriffen.

Eigenschaften alten tierischen und neuen hochmenschlichen Ursprungs sind aufs engste miteinander verflochten. K. Lorenz hat darauf hingewiesen, daß das neutestamentliche Wort von der anderen Backe, die man einem Feinde bieten solle, schon im Tierreich eine Entsprechung in der sogenannten Demutsreaktion hat, die den Angreifer nicht herausfordert, sondern vielmehr hemmt, d. h. in diesem Falle den Schlag verhindert. Sogar die Persönlichkeit, das »höchste Glück der Erdenkinder«, hat in den Leittieren großer Herden durchaus schon ihre tierische Vorstufe.

All das schmälert nicht die einzigartige Sonderstellung des Menschen im Naturreich. Aber schon immer ist ja auf dem Wege blutsmäßigen Zusammenhangs Neues aus vorhandenem Älteren hervorgegangen, und auch der Mensch muß in diesen großen Zusammenhang eingeordnet werden. Gegner dieser Feststellung machen sich nur selten klar, daß wir sonst überhaupt auf eine wissenschafltiche Deutung der menschlichen Herkunft verzichten müssen.

Im Tierreich und weit hinein in den menschlichen Bereich gibt es Kampf ohne Schuld. Feindesliebe aber setzt ein Wissen um das Schuldigwerden der Kämpfenden und die Sehnsucht nach Befreiung und Erlösung davon voraus. In einer gedankenvollen Schrift des Paläontologen Hennig (1950) über die Menschwerdung findet sich der Satz: »Der Mensch ist gewürdigt worden, schuldig werden zu können. In der schier unbegreiflichen Fähigkeit, Gut und Böse zu trennen und zu werten, ist das ganze Menschentum inbegriffen.«

Zufall und Plan

Als Motor des Werdens aller körperlichen und wahrscheinlich auch der seelischen und geistigen Eigenschaften des Menschen kennen wir bis heute ausschließlich die als Mutation bekannten Veränderungen in den Chromosomen und Genen des menschlichen Erbgutes, die das Leben aus einfachsten Anfängen in kleinen, durch Äonen sich abspielenden Schritten bis auf menschliche Höhe geführt haben sollen. Der Haupteinwand gegen diese Feststellung ist bekanntlich immer der, daß solche Mutationen, wie wir schon oben erörtert haben, keine Richtung erkennen lassen, sondern nach übereinstimmender Erfahrung zahlreicher Experimente richtungslos streuen. Nun kann zwar jedermann einsehen, daß dieses »zufällige«, richtungslose Streuen der neu gewonnenen Eigenschaften für die Gesamterhaltung des Lebens durch die Zeiten sehr wichtig war. Denn dadurch standen im Falle von Umweltveränderungen jeweils geeignete Lebensformen zur Verfügung, die dann durch die Auslese des Geeigneten bevorzugt wurden und zur Wandlung der Lebewelt beitrugen. Umweltveränderungen, die lange Zeit gleichsinnig verliefen oder einwirkten, konnten also den an sich ungerichteten Lebensstrom von außen her in eine bestimmte Richtung bringen (Orthoselektion S. 57).

Aber der Mensch sieht sein Werden und seine Existenz nicht gern dem zufallbedingten Zusammenspiel zwischen Mutation und Umwelt ausgeliefert, und der religiöse Mensch ist auch geneigt, eine solche Vorstellung mit derjenigen eines planenden Schöpfers für unvereinbar zu halten.

Zur Beantwortung dieses Einwandes mag zunächst noch einmal darauf hingewiesen werden, daß keine Lehre das Geheimnis unerschöpflich verschwenderischer Lebenskraft eindringlicher zeigt als die Selektionstheorie, nach der das dank dem Mutationsgeschehen unendlich dichte Gezweig des Lebens im Daseinskampfe aufs stärkste beschnitten wird und doch so unendlich reich und mannigfaltig bleibt. Und wenn dabei für die wissenschaftliche, ihrem Wesen nach stets nur begrenzte Sicht der »Zufall« der Auslese auch bei der Existenz des Menschen mit im Spiele ist, so hindert das nicht, daß wir unser Dasein in einem metaphysischen Trotzdem als ein von oben her zugefallenes Geschenk annehmen. Denn durch Zufall oder Plan, die wir in der Natur erkennen oder zu erkennen meinen, wird die Existenz ihres Schöpfers weder widerlegt noch bewiesen. Vielleicht bediente er sich gerade des Zufalls, um das Leben in seiner Fülle und jedes einzelne Individuum in seinem Sosein entstehen zu lassen. Es gibt auch im menschlichen Bereich große Werke, die ohne Plan, aber in um so lebendigerer, geistiger Entwicklung entstanden sind. Wir dürfen unseren Begriff des »Plans« nicht auch für die Schöpfung fordern.

Nicht einmal der religiöse Gedanke an persönliche Bewahrung im Strom und Schicksal der Welt braucht durch den »Zufall« der Auslese in Frage gestellt zu werden. Im Gegenteil – es ist ein fast unvorstellbares Maß von Bewahrung in allen Zufällen jahrmillionenlang sich fortbildenden Lebens, die der Keimbahn jedes heute existierenden Lebewesens, jedes heute existierenden Menschen in seiner tief in die Vorzeit zurückgreifenden Naturgeschichte zuteil geworden ist. »Was auf das Ganze gesehen nur eine willkürliche, statistischen Gesetzen gehorchende Auslese ist, erscheint dem Überlebenden als eine höchst unwahrscheinliche Kette ihn selbst begünstigender Zufälle und Fügungen.« (Ditfurth). Was sollte uns aber hindern, diese im Blickfeld naturwissenschaftlicher Methodik nur scheinbaren Fügungen als Ausdruck einer höheren Wirklichkeit zu begreifen – die auch alles vorzeitig aus dem Lebenskampf »Abberufene« wieder in das Geheimnis ihres schöpferischen Schoßes aufgenommen hat?

Wir pflegen übrigens solche Fragen in der Regel auf sich beruhen zu lassen, und das kann durchaus angemessen sein, zumal dem Geheimnis gegenüber das Schweigen geziemt. Übergeht man sie aber immer, dann bewirkt das einen Zerfall unserer gesamten geistigen Aussagewelt in zwei getrennte Bereiche und den gegenseitigen stillschweigenden Vorwurf der Halb- und Unwahrheiten, der die mitmenschlichen Beziehungen belastet.

Die Glaubensvorstellung einer transzendentalen Lebensverantwortung mag nicht ohne Recht auf die Unlösbarkeit der Frage hinweisen, wo denn am Wege des Menschen herauf aus dem Tierreich die Grenze gegen die noch nicht hierzu Geforderten und Berufenen zu ziehen sei. Es wäre trotzdem falsch, die naturwissenschaftliche Erkenntnis jenes Weges deshalb abzulehnen; doch ist es umgekehrt auch nicht möglich, Begriffe wie Verantwortung und transzendentale Existenz der Person mit naturwissenschaftlichen Methoden zu widerlegen. Wie schon innerhalb der naturwissenschaftlichen Methodik das Licht bekanntlich je nach der Fragestellung des Experiments bald als Welle, bald als Korpuskel erscheint, so ist noch viel weniger der Mensch in dem zwiefachen Blickfeld naturwissenschaftlicher und metaphysischer Betrachtung und Erfragung seines Wesens auf einen Nenner zu bringen. Am Problem der Willensfreiheit und des Schuldgefühls stößt jeder Nachdenkliche auf diesen Dualismus. Es handelt sich um verschiedene Ebenen der Einsicht und Aussage, wobei wir uns damit bescheiden müssen, daß sie beide zur Wesenserhellung des Menschen beitragen, auch wenn sie sich nicht zur Deckung bringen lassen. Verwandte, in die Transzendentalphilosophie ausgreifende Gedanken hat von Ditfurth in den Schlußabschnitten seines nachdenklichen Buches vom »Apfelbäumchen« (1985, S. 312 ff.) geäußert.

»Die geglaubten Dinge haben eine andere Qualität und haben einen anderen Ort als die zu beweisenden« (Ernst Jünger). Die Bedeutung der Naturwissenschaften in unserem Zeitalter veranlaßt aber manchen, die naturwissenschaftliche Erkenntnis für das Ganze zu nehmen und z. B., wie Huxley in geistiger Nachfolge Haeckels will, »an die Evolution zu glauben«. Beim religiösen Glauben geht es jedoch um eine – dem Menschen freilich nur in einem Spiegel mögliche – Sicht für Sinn und Verantwortung des persönlichen Lebens, die der Naturwissenschaft verwehrt ist. Manches Leiden an der vermeintlichen Sinnlosigkeit des Lebens dürfte in der bewußten oder unbewußten Beschränkung des Denkens auf das naturwissenschaftlich gewonnene Weltbild seine Ursache haben.

Die neuen Vorstellungen, daß das molekulare Würfelspiel und die jeweiligen Selektionsentscheidungen aus sich heraus zu einer »Kanalisierung« und »Strategie der Evolution« führen (Eigen, Riedl), ändern an dem metaphysischen Anliegen nichts, weil weder eine dem reinen Zufall unterworfene noch eine sich selbst gesetzlich kanalisierende Natur irgendeines Plans bedarf. Eine metaphysisch positive Antwort ist nicht ohne die Anerkenntnis möglich, daß auch wissenschaftliche Einsicht grundsätzlich ihre Grenzen habe.

Grenzen der Wissenschaft

Daß die Wissenschaft nicht »das Ganze« erfassen kann, entspricht also im Rahmen der menschlichen Gesamterfahrung einer völlig nüchternen, wenn auch oft übersehenen Tatsache. Das menschliche Geistesvermögen hat nicht nur die wissenschaftliche Methodik entwickelt, sondern zusammen mit den seelischen Kräften auch Bereiche erschlossen, die dieser Methodik nicht zugänglich sind. Erfahrungen des »Numinosen«, wie sie der nüchterne religiöse Denker Rudolf Otto (1917) dargestellt und Goethe in der Verszeile »Ergriffen fühlt er tief das Ungeheure« zum Ausdruck gebracht haben, werden zwar von uns naturwissenschaftlich denkenden Menschen konsequenterweise in der Regel ausgeklammert, lassen sich aber vom gesamtmenschlichen Denken schlechterdings nicht negieren oder auch »nur« in das Reich der Dichtung verweisen.

Aber selbst die wissenschaftlich endgültige Erklärung eines einfachen Naturvorgangs oder einer einfachen Naturform läßt Fragen offen, die wissenschaftlich nicht angegangen werden können. So drückt auch der Begriff der Schöpfung inmitten des naturwissenschaftlich grundsätzlich erklärbaren Lebensgeschehens eine andere Dimension aus, die nur transparent »sichtbar« wird und deshalb zwar übersehen, aber nicht beweiskräftig widerlegt werden kann. Die manchmal diskutierte Frage nach »Schöpfung oder Entwicklung« im Lebensgeschehen beruht auf dem Mißverständnis, als ob es sich hierbei um Vorgänge auf derselben vordergründigen Ebene handele. Der Naturforscher kann Schöpfung nicht nachweisen; er kann sie jedoch als Geheimnis oder schöpferische Gegenwart erfahren. Goethe wies darauf hin, wenn er einmal sagte, er könne über mancherlei in der Natur »nur mit Gott reden« (d. h. also nicht in der Sprache des Naturwissenschaftlers). Simpson, einer der heute führenden Evolutionstheoretiker, erforscht den Modus und die Ursachen der Evolution, »soweit dem Geheimnis nahezukommen ist« (1951), und von dem Theologen Bonhoeffer stammt das Wort: »In dem, was wir erkennen, sollen wir Gott finden, nicht aber in dem, was wir nicht erkennen; nicht in den ungelösten, sondern in den gelösten Fragen will Gott von uns begriffen sein.« Ein Schöpfer und seine Schöpfung, die wir – wie man das jahrhundertelang tat – in den Lücken unserer Erkenntnis suchen, müssen im Griffbereich der Wissenschaft in Bedrängnis geraten. Auch ein Schöpfer, dessen Existenz an einen – bei zeitlicher Unendlichkeit des Seins sich erübrigenden - Schöpfungs-»Akt« gebunden ist (Hawking 1988), dürfte begrifflich zu eng gefaßt sein.

Kehren wir aber noch einmal unmittelbar zur Evolutionstheorie zurück. Es ist vielleicht noch nicht das letzte Wort darüber gesprochen, ob die streng darwinistische Beschränkung auf Mutation und Selektion als einzige Evolutionsfaktoren einer endgültigen Erkenntnis entspricht. Kuhn-Schnyder (1964) nennt sie zwar »eine gute Theorie«, zugleich aber «nur eine Etappe auf dem Wege zur Wahrheit«. Denn ihm drängt sich wie manchem Paläontologen der Eindruck auf, daß der »Aufstieg der Lebewesen von nieder zu höher organisierten Formen ein gerichteter, nicht zufälliger Prozeß« sei. Aber auch wenn sich den Organismen innewohnende Faktoren nachweisen lassen sollten, so wäre damit nichts für oder gegen den Schöpfungscharakter entschieden. Und wenn es nach von Wahlert (1966) in oder trotz einer von ihm erarbeiteten Kritik an Teilhard de Chardins Weltbild, die durchaus vom Standpunkt des darwinistisch denkenden Evolutionstheoretikers aus geführt wird, doch »auf der Hand zu liegen scheint, daß die Zeit für eine nicht mechanistische, die Transzendenz zumindest zulassende Entwicklungslehre reif ist«, so weist dieser Satz nicht auf eine bisherige Unvollkommenheit der naturwissenschaftlichen Theorie hin, sondern auf die zunehmende Einsicht in die Begrenzung der naturwissenschaftlichen Methodik.

Diese Einsicht sollte es uns erleichtern, unseren natürlichen Werdegang vorbehaltlos aus der Natur abzulesen und bereit zu sein, ihre Antwort anzunehmen. Die menschliche Würde nimmt dabei keinen Schaden. Vielmehr führt gerade das Sich-nicht-Verbundenfühlen mit der übrigen Schöpfung den Menschen von heute (oder auch heute noch) oft zu jener im Grunde entwürdigenden, zynischen Haltung, in der er die Natur und das Reich des Lebendigen um sich in oft so unmenschlicher Weise mißachtet und willkürlich bedroht. Die Abstammungslehre aber ist wie kaum eine andere Einsicht in die Natur bei richtigem Verständnis dazu geeignet, uns zur Ehrfurcht zu führen. In dieser Haltung ist der Mensch der Natur gegenüber ebenso frei wie verantwortlich auch mit ihr verbunden. Die Sicht des Menschen »vom Tier her«, in der sich die Abstammungslehre angeblich erschöpfe, ficht ihn nicht an.

Menschliche Existenz, ja alles Leben – und selbst die Existenz des anorganischen Kristalls – bleiben in aller wissenschaftlichen Erkenntnis zugleich immer geheimnisvoll. Seien wir als Menschen dankbar, daß wir aus der durch Entwicklung gewordenen Schöpfung emporwachsen durften zu einem »Wanderer zwischen zwei Welten«. Und freuen wir uns – abermals mit Goethe – des Erforschlichen, das wir erforschen können, aber auch des immer Unerforschlichen, das es »ruhig zu verehren« gilt.

Erklärung von Fachwörtern

Allometrie abweichendes Maßverhältnis von Organen, die in der Ontogenese oder Phylogenese (s.d.) unverhältnismäßig schnell wachsen oder im Wachstum zurückbleiben

Ammoniten, Ammoneen ausgestorbene Ordnung der Cephalopoden (»Kopffüßer«) mit einem Gehäuse, das meistens spiralig in einer Ebene eingerollt ist. Der Name dieser schon im Altertum bekannten Fossilien bezieht sich auf den ägyptischen Gott Ammon, der mit einem gehörnten Widderkopf dargestellt wurde (»Ammonshörner«, den eingerollten Hörnern des Widders ähnlich)

Assimilation bei Pflanzen Überführung eines aufgenommenen Nährstoffs in arteigene Pflanzensubstanz

bilateral zweiseitig symmetrisch, von der Körperform aktiv sich fortbewegender Tiere mit linker und rechter Körperhälfte

biogen aus Substanz von Lebewesen bzw. deren Resten gebildet (biogenes Gestein)

Bitumen öl- oder gasförmige Kohlenwasserstoffe (in Gesteinen)

Carinaten Flugvögel (mit Kiel = carina auf dem Brustbein)

Cephalopoden »Kopffüßer«, mit Fangarmen (einst vermeintlichen »Füßen« am Kopf) ausgestattete Weichtiere, zu denen heute vor allem die Tintenfischverwandten und die Kraken gehören, während in früheren erdgeschichtlichen Zeiten insbesondere die Nautilen-Verwandten, die Ammoniten und die Belemniten herrschten

Clymenien eine Gruppe devonischer Ammoneen, deren Sipho (= Atemröhre) an der Innenseite der spiraligen Gehäuseröhre liegt, während er bei den übrigen Ammoneen der Außenseite folgt; Klyméne (griech.) = Tochter des Okéanos

Chlorophyll der grüne Farbstoff der Pflanzen

Chromatophoren Farbträger in der Zelle

Chromosomen fadenförmige Gebilde im Kern sich teilender Zellen, die ihrerseits die Gene als Träger der Erbmerkmale enthalten. Über die molekularen Vorgänge in den Genen, die das Vererbungsgeschehen bestimmen, sind der Biochemie neuerdings bahnbrechende Entdeckungen gelungen

Deszendenztheorie Abstammungslehre

diapsid (Saurier) mit je zwei seitlichen Durchbrüchen der äußeren Schädelkapsel (Schläfenöffnungen); s. Therapsiden (mit nur einer Schläfenöffnung); ápsis griech. = Verbindung, d. h. Knochenbrücke unter den Öffnungen

Evolution Entfaltung oder Entwicklung im Sinne eines stammesgeschichtlichen Ablaufs

Fazies »Gesicht« (lat.), Aussehen, Erscheinung eines Gesteins, z. B. grobkörnig, feinkörnig, sandig, tonig, kalkig

Formation Gesamtheit der Gesteine eines der großen erdgeschichtlichen Zeitabschnitte, im angelsächsischen Sprachgebrauch als System bezeichnet. Die Abgrenzung der Formationszeiten beruht auf dem Wandel des fossil überlieferten Lebens. Die Namen der Formationen sind aber in der Mehrzahl von Gegenden oder sie einst bewohnenden Volksstämmen abgeleitet (Kambrium, Ordovizium, Silur, Devon, Karbon, Perm, Jura). Die Trias heißt so nach der Dreiteilung der Formation in Buntsandstein, Muschelkalk und Keuper im germanischen Bereich; das Tertiär entstammt als alter Begriff einer einst vierteiligen Gliederung der Erdgeschichte. Es wird heute in Paläozän = »alte Neuzeit«, Eozän = »frühe Neuzeit«, Oligozän = »erst wenig neue Zeit«, Miozän = »neuere Zeit« und Pliozän = »noch neuere Zeit« eingeteilt und vom Pleistozän (der »neuesten Zeit«) gefolgt. Dieses heißt oft auch noch Diluvium = »große Flut«, weil man die Geröllagen, Sande und Moränen der Eiszeit früher für die Ablagerungen der Sintflut hielt. Die geologische Gegenwart wird als Holozän (»ganz neue Zeit«) bezeichnet. Neuerdings wird statt »Formation«, auch in Deutschland »System« verwendet, z. B. Jura-System, und der Formationsbegriff auf begrenztere Gesteinseinheiten, z. B. Keuper, beschränkt.

Fossilien Versteinerungen organischer Herkunft, in früheren Jahrhunderten in weiterem Sinne gebraucht (von fossilis lat. = ausgegraben)

Känozoikum Erdneuzeit, »Zeit der neuen Tierwelt«, Tertiär und Pleistozän (= Diluvium, früher »Quartär«) umfassend (kainós griech. = neu)

Lobenlinie Nahtlinie (Sutur) der Kammerscheidewände beschalter Cephalopoden, deren Rückbiegungen Loben heißen (lóbos griech. = Lappen)

Medusenhaupt altertümliche Bezeichnung für Haarsterne (Crinoiden) und vielarmige Schlangensterne aus der Zeit, als solche Funde am Meer oder im Gestein noch Schrecken erregten (nach der meerbewohnenden Meduse der griechischen Sage, der Theseus das schlangenartige Haupt raubte, dessen Anblick die Beschauer zu Stein erstarren ließ)

Mesozoikum Erdmittelalter (s. Känozoikum), Trias bis Kreide

Mutation plötzliche erbliche Veränderung einer oder mehrerer (gekoppelter) Eigenschaften, bedingt durch Veränderungen der Gene oder Chromosomen (mutare lat. = verändern)

Ontogense Entwicklung des Individuums von der Keimgeschichte bis ins Alter (ón griech. = Lebewesen, génesis = Entstehung, Werden)

Organische Verbindungen Mehrzahl der heute auf den organismischen Stoffwechsel beschränkten Kohlenstoffverbindungen, während in der Uratmosphäre sogar Amino- und Nukleinsäuren wohl auf anorganischem Weg entstehen konnten

Orthoceraten Cephalopoden mit gerade gestreckter Gehäuseröhre (orthós griech. = gerade)

Paläontologie »die Wissenschaft von den alten Lebewesen« (palaiós griech. = alt, ón = Lebewesen lógos = Lehre); Teilbereiche: Paläozoologie, Paläobotanik

Paläozoikum Erdaltertum, »Zeit des alten Tierlebens«, s. Känozoikum; Kambrium bis Perm
Photosynthese komplizierter Reduktionsvorgang, bei dem von der Pflanze aus der Luft aufgenommene Kohlensäure mit Hilfe des grünen Farbstoffs Chlorophyll und von Sonnenlicht unter Freisetzung von Sauerstoff in Kohlenstoffverbindungen umgewandelt wird.
Phylogenese Stammesgeschichte (phȳlon griech. = Stamm, génesis = Werden)
Pleistozän »das Neueste« bezeichnet den durch die eiszeitlichen Kältephasen geprägten Zeitabschnitt zwischen der jüngsten Stufe des Tertiärs (Pliozun) und der erdgeschichtlichen Gegenwart (Holozän).
Pteranodon »der zahnlose Flieger« (ptéryx griech. = Flügel, an- = ohne, odous = Zahn), Flugsaurier der Kreidezeit
Pterodactylen »Flügelfinger«, kurzgeschwänzte Flugsaurier (Oberjura- und Kreidezeit)
Punctuated equilibria »unterbrochene Gleichgewichte«, bezogen auf schnelle genetische Änderung in isolierten Populationen (»Gendrift«), die zu schneller oder gar plötzlicher Entstehung neuer Arten oder auch höherer Einheiten führen sollen. Gegensatz zu gradualistischer Änderung in kleinen Mutationsschritten

Reptilien »Kriechtiere«, von repere lat. = kriechen; heutige Vertreter der Saurier
Rhamphorhynchen uncharakteristischer Name (»Schnabelschnauzen«) für die langgeschwänzten Flugsaurier der Jurazeit
Riff Kolonie bzw. Bau (Gerüst) aus Tierskeletten, die sich als Gesamtheit über den Meeresboden erheben

Selektion Auslese

Septen Trennwände; die Septen der Korallen gliedern den Kelch parallel zur Achse, während die Septen der Cephalopoden die Gehäuseröhre in Querrichtung gliedern (darin den »Böden« der Korallen ähnlich)

Therapsida Wurzelgruppe (Stammordnung) der Säugetiere im Bereich der theromorphen Saurier in Perm und Trias (weil der Knochenbau im Schläfenbereich schon den Säugetieren ähnlich ist); s. diapsid

Theromorpha säugetierähnliche Saurier (in weiterem Sinn als die Therapsida), von thér griech. = Säugetier

Typostrophe »Wandlung des Typus« (strephein griech. = umwandeln), Versuch das Erscheinen neuer typischer Organisationen (z. B. Vögel, Säugetiere) mit plötzlich eintretenden Änderungen des Erbgutes zu erklären, die eine »Umkonstruktion« hervorrufen. Damit soll jeweils ein neuer stammesgeschichtlicher Ablauf in die Wege geleitet worden sein, der sich von dem erwähnten Anfangsakt über jugendliche Entfaltung und ruhigere Weiterentwicklung bis zum Altern und Erlöschen der Organisation vollzieht. Vgl. »Punctuated equilibria«. Im Gegensatz zur Typostrophen-Theorie schreibt die Theorie der additiven Typenbildung das stammesgeschichtliche Geschehen ausschließlich kleinen, sich addierenden Erbänderungen zu

Zellorganelle Funktionsträger innerhalb der Zelle

Literatur

Das Literaturverzeichnis umfaßt neben den im Text zitierten Quellen noch weitere, die zur Erarbeitung herangezogen wurden. Umfassendere Darstellungen sind durch* gekennzeichnet.

Adam KD (1980) Das Steinheimer Becken – eine Fundstätte von Weltgeltung. Jh Ges Naturk Württ 135 : 32–144
* Adam KD (1984) Der Mensch der Vorzeit. Führer durch das Urmensch-Museum Steinheim an der Murr, Theiss, Stuttgart, 172 S
Aldridge RJ u. a. (1983) The anatomy of Conodonts. Bull Trans roy Soc London B 340 : 405–421
Andres D (1980) Feinstrukturen und Verwandtschaftsbeziehungen der Graptolithen. 79 Abb. Paläont. Z 54 : 129–170
Boettger CR (1954) Die Stämme des Tierreichs in ihrer systematischen Gliederung. 8 Abb. Kosmos 50 : 68–72
Brinkmann W (Hrsg) (1994) Paläontologisches Museum der Universität Zürich. Führer durch die Ausstellung. Zürich
Bronn HG (1858) Über die Entwicklung der organischen Schöpfung. Vortrag Vers dtsch Naturforscher Karlsruhe (zitiert nach Schmidt H (1918) Geschichte der Entwicklungslehre, Kröner, Leipzig)
Bulman OMB (1955) Graptolithina s Moore RC
Bülow K von (1955/56) Gedanken über die Entwicklung von Wechselbeziehungen zwischen Blüten und Insekten. Z Univ Rostock Math Naturwiss R 5 : 23–29

Closs D (1967) Goniatiten mit Radula und Kieferapparat in Itarare-Formation von Uruguay. Paläont Z 41 : 19–37
* Colbert EW (1965) Evolution of the vertebrates, 4. Aufl. Wiley sons, New York, 479 S
Dacqué E (1935) Organische Morphologie und Paläontologie. Bornträger, Berlin
Darwin C (1845) Reise eines Naturforschers um die Welt (1831–1836). Gekürzte Neuausg. Edit Erdmann, Tübingen, 377 S (Ges. Werke 2. Aufl. Bd. 1 Schweizerbart, Stuttgart 1879, 596 S)
Darwin C (1879) Über die Entstehung der Arten. Ges Werke (dtsch Übers JV Carus) 2. Aufl. Bd. 2 Schweizerbart, Stuttgart, 592 S (Engl. Erstausgabe »The origin of species« 1859)
Darwin C (1879) Über den Bau und die Verbreitung der Corallen-Riffe. 2. Aufl. Bd. 11/1 Schweizerbart, Stuttgart (Engl. Erstausg. 1842), 231 S
Darwin C (1879) Autobiographie (S 1–95) in Ges Werke 2. Aufl. Bd. 14/2 = Bd 1 Leben und Briefe. Schweizerbart, Stuttgart, 370 S
De Beer G (1954) *Archaeopteryx lithographica*. Brit Mus nat Hist. London, 68 S
* Ditfurth H v (1975) Evolution. Ein Querschnitt der Forschung. Hoffmann u. Campe, Hamburg, 239 S
Ditfurth H v (1985) So laßt uns denn ein Apfelbäumchen pflanzen. Rasch & Röhrings, Hamburg, 382 S
Ebel K (1985) Gehäusespirale und Septenform bei Ammoniten unter der Annahme vagil benthischer Lebensweise. Paläont Z 59 : 109–123
Ehrhart B (1979) Dissertatio de belemnitis suevicis. Dtsch hrsg O Wittmann, a d Lat übers O Willmann. Erlanger geol Abh H 107, 48 S
Eigen M; Winkler R (1975) Das Spiel. Naturgesetze steuern den Zufall. Piper, München Zürich, 404 S
* Erben HK (1975) Die Entwicklung der Lebewesen. Piper, München Zürich, 518 S
* Erben H K (1990) Evolution. Haeckel-Bücherei 179 S.; Stuttgart
Fahlbusch V (1983) Mikroevolution – Makroevolution – Punktualismus. Ein Diskussionsbeitrag am Beispiel miozäner Eomyiden. Paläont Z 57 : 213–230

Franzen J (1972) Wie kam es zum aufrechten Gang des Menschen? Nat Mus 102 : 161–172; Frankfurt/M

Frisch K v (1927) Aus dem Leben der Bienen. R Verständliche Wissenschaft, Bd 1. Springer, Berlin Göttingen Heidelberg (mehrere Aufl)

Gabbott SE (1995) A grand Conodont with preserved muscle tissue from the Upper Ordovician of South Africa. Nature 374 : 800–803

Gorthner A (1992) Bau, Funktion und Evolution komplexer Gastropodenschalen in Langzeit-Seen. Mit einem Beitrag zur Paläobiologie von *Gyraulus »multiformis«* im Steinheimer Becken. Stuttgarter Beitr Naturk B Nr. 190, 173 S

Grasshoff (1981) Arthropodisierung als biomechanischer Prozeß und die Entstehung der Trilobiten-Konstruktion. Paläont Z 55; Stuttgart

Gutmann WF; Bonik K (1981) Hennigs Theorem und die Strategie des stammesgeschichtlichen Rekonstruierens. Die Agnathen-Gnathostomen-Beziehung als Beispiel. Paläont Z 55 : 51–77

Gygi R (1982) Versteinerungen der weiteren Umgebung von Basel. Naturhist. Museum Basel

* Haas A (1959) Das stammesgeschichtliche Werden der Organismen und des Menschen, Bd 1. Herder, Basel Freiburg Wien

Hadzi J (1963) The evolution of metazoa. Pergamon, New York

Haeckel E (1868) Natürliche Schöpfungsgeschichte. 2. Aufl 1875, Reimer, Berlin, 688 S

* Hartmann M (1956) Einführung in die Allgemeine Biologie und ihre philosophischen Grund- und Grenzfragen. Slg Göschen 96, Berlin

Haubold H; Schaumberg G (1985) Die Fossilien des Kupferschiefers. Neue Brehm-Bücherei Ziemsen, Wittenberg, 223 S

Hawking St W (1988) Eine kurze Geschichte der Zeit. Die Suche nach der Urkraft des Universums. Rowohlt, Hamburg, 283 S

Hayek G (1893) Handbuch der Zoologie, Bd. 4, Gerold's Sohn, Wien

Heberer G (1957) Theorie der additiven Typogenese. In: Heberer (Hrsg.) Die Evolution der Organismen. 2. Aufl. 5. Liefg. Fischer, Stuttgart S 857–914

Heberer G (1960) Grundlinien im modernen Bild der Abstammungsgeschichte des Menschen. Biol Jahresh Verb dtsch Biol Iserlohn

Hecht MK, Ostrom JH, Viohl G, Wellnhofer P (Hrsg.) (1985): The beginning of birds. Proc in Archaeopteryx conference. Eichstätt

Heckmann K (1977) Endosymbionten von Protozoen. Fifth int Congr Protozoology, round table 22 B 160–163

Hengsbach R (1990) Zur systematischen Stellung der Clymenien. Senckenbergiana leth 70 : 69–86

Hennig E (1944) Organisches Werden, paläontologisch gesehen. Paläontol Z 23 : 281–316

* Hennig E (1950) Der Werdegang des Menschengeschlechts. Matthiesen, Tübingen

Hölder H (1963) Ein Schaubild der Stammesgeschichte zwischen Wasser, Land und Luft. Paläont Z 37 : 155-159

Hölder H (1964) Handbuch der stratigraphischen Geologie, Bd 4: Jura. Enke, Stuttgart, 603 S

Hölder H (1973) Miscellanea cephalopodica. Münster Forsch Geol Paläont H 29 : 39–76

Hölder H (1975) Geschichte und Stand der Thecideenforschung (Thecideida, Brachiopoda articulata) Mitteilungen aus dem Geol-Paläont. Institut d Universität Hamburg H 44 : 133–152; Hamburg

Hölder H (1985) Paläontologie als historische Wissenschaft zwischen Geologie und Biologie. Nat Mus 115 : 320–334, Frankfurt/M

Hsü KJ (1982) Ein Schiff revolutioniert die Wissenschaft. Die Forschungsreisen der Glomar Challenger. Hoffmann u Campe, Hamburg, 304 S

Huxley J (1965) Ich sehe den künftigen Menschen. Natur und neuer Humanismus. List, München

Hyman Libbie H (1940) The invertebrates. 1. Bd. Protozoa through Ctenophora. Mc Graw Hill, New York London. Fig. 78

Jaeger H (1978) Entwicklungszüge (Trends) in der Evolution der Graptolithen. Schriftenr geol Wiss 10 : 5–58

Janvier P (1995): Conodonts join the club. Nature 374 : 761–762

Jarvik E (1980) Basic structure and evolution of vertebrates. Academic Press, London New York Toronto Sydney San Francisco, Bd. 1 575 S, Bd. 2 337 S

Jefferie RPS (1987) The ancestry of the vertebrates. Brit Mus Nat Hist, London, 376 S

Jordan P (1966) Die Expansion der Erde. Wissenschaft, Bd. 124. Vieweg, Braunschweig, 180 S

Keupp H, Koch R, Leinfelder R (1990) Steuerungsprozesse der Entwicklung von Oberjura-Spongiolithen Süddeutschlands: Kenntnisstand, Probleme und Perspektiven. Facies 23 : 141–174

Kirsch K; Gunga H-C (1988) Der Mensch in extremen Umwelten. Festschr 100 Jahre Urania Berlin, S 155–161

Kobbe B (1993) Saurier ohne Ende. Bild d Wissensch 1993 H 12 : 18–22

* Koenigswald GHR (1906) Die Geschichte des Menschen, 2. Aufl. Verständliche Wissenschaft, Bd. 74. Springer, Berlin Göttingen Heidelberg, 160 S

Koenigswald W; Hahn J (1981) Jagdtiere und Jäger der Eiszeit. Theiss, Stuttgart, 100 S

* Kräusel R (1950) Versunkene Floren. Eine Einführung in die Paläobotanik. Senckenberg-Buch 25. Kramer, Frankfurt/M

Krebs B (1988) Mesozoische Säugetiere – Ergebnisse von Ausgrabungen in Portugal. Sber Ges naturforsch Freunde Berlin n F 28 : 95–107

* Kuhn-Schnyder E (1953) Geschichte der Wirbeltiere. Schwabe, Basel, 156 S

* Kuhn-Schnyder E (1954) Der Ursprung der Säugetiere. Vortr Univ Zürich 1953

Kuhn-Schnyder E (1964) Das Leben im Strom der Zeit. In: Das Zeitproblem im 20. Jahrhundert. Francke, Bern München, S 212–246

* Kuhn-Schnyder E (1967) Paläontologie als stammesgeschichtliche Urkundenforschung. In: Heberer G (Hrsg) Evolution der Organismen, 3. Aufl. Bd. 1. Fischer, Stuttgart, S 238–419

Kuhn-Schnyder E; Rieber H (1984) Paläozoologie. Morphologie und Systematik der ausgestorbenen Tiere. Thieme, Stuttgart, 389 S

Lehmann U (1967) Ammoniten mit Kieferapparat und Radula. Paläont Z 41 : 38–45

Lehmann U (1990) Ammonoideen. Leben zwischen Scylla und Charybdis. Haeckel-Bücherei, Enke, Stuttgart, 257 S.

* Lehmann U; Hillmer G (1980) Wirbellose Tiere der Vorzeit. Enke, Stuttgart, 340 S

Leibniz GW (1949) Protogaea (lat mit dtsch Übers von W v Engelhardt). Kohlhammer, Stuttgart, 182 S

Leistikow KU, Kockel F (1990): Die Entwicklungsgeschichte der Pflanzen. Ein didaktisches Modell. Palmarum Hortus Francofortensis (PHF), Wiss Ber 2,74 S.

Levinton JS (1993) Die explosive Entfaltung der Tierwelt im Kambrium. Spectrum d Wiss, Januar 1993 : 54–62

Linck O (1965) Stratigraphische, stratinomische und ökologische Betrachtungen zu *Encrinus liliiformis* Lamarck. Jahresh Geol Landesamt Baden-Württ 7 : 123–148

* Mägdefrau K (1956) Paläobiologie der Pflanzen, 3. Aufl. Fischer, Jena, 443 S

Mägdefrau K (1966) Die Geschichte der Pflanzen. Naturwiss Med 13, Boehringer, Mannheim

Marsh OC (1880) Odontornithes. Washington, 201 S

Matthes HW (1964) Aus der Geschichte der Tiere. Beiträge zur Abstammungslehre, Bd 1. VEB Volk und Wissen, Berlin, S 98–127

May RM (1992) Wie viele Arten von Lebewesen gibt es? Spectrum d Wiss 1992 : 72–79

* Mayr E (1979) Evolution und die Vielfalt des Lebens. Springer, Berlin Heidelberg New York, 275 S

* Mayr E (1984) Die Entwicklung der biologischen Gedankenwelt. Vielfalt, Evolution und Vererbung. Springer, Berlin Heidelberg New York Tokyo, 766 S

Miller SL (1955) Production of some organic compounds under possible primitive earth conditions. J american chem Soc 77 : 2351–2361

* Moore RC (Hrsg.) Treatise on invertebrate paleontology. pt V Graptolithina (1955), Pt F Coelentera (1956). Univ Kansas Press, Lawrence Kans

Moore RC; Lalicker CG; Fischer AG (1952) Invertebrate fossils. McGraw-Hill, New York Toronto London, 766 S

Moosbrugger (1985) Der Neodarwinismus als axiomatisierbares deduktives System und das Problem der Anpassung und Selektion. Paläont Z 57 : 183–189
* Müller AH (1966–1981) Lehrbuch der Paläozoologie, Bd 1, 3. Aufl 1976; Bd 2, 2. und 3. Aufl 1976–81; Bd 3, 1. Aufl 1966–68
Müller KJ (1979) Phosphatocopine Ostracodes with preserved appendages from the Upper Cambrian of Sweden. Lethaia 12 : 1–27
Nicolai J (1965) Der Brutparasitismus der Witwenvögel. Naturwiss Med 7 : 3–15, Böhringer, Mannheim
* Norman D (1985) The illustrated encyclopedia of dinosaurs. Crescent Books, New York, 208 S
Norman DB, Hilpert KH, Hölder H (1987) Die Wirbeltierfauna von Nehden (Sauerland). Geol Paläontol Westfalen 8 : 77 S
* Oparin AJ (1938) Das Leben. Seine Natur, Herkunft und Entwicklung (Übers R. Wittwer). Fischer, Stuttgart
Ørvig T (1962) Y-a-t-il une relation directe entre les Arthrodires, Ptyctodontes et les Holocéphales? Probl actuels Paleontol, Paris [Abstammung der Holocephalen von Placodermen?]
Otto R (1936) Das Heilige. 23.–25. Aufl. Beck, München, 229 S
Peters DS (1984) Konstruktionsmorphologische Gesichtspunkte zur Entstehung der Vögel. Nat Mus 114 : 199–210; Frankfurt/M
Peters DS (1994) Die Entstehung der Vögel. Verändern die jüngsten Fossilfunde das Modell? In: Gutmann WF u.a. (Hrsg.) Morphologie und Evolution. Sympos. zum 175jährigen Jubiläum der Senckenberg. naturforsch. Gesellschaft: 403–423; Frankfurt/M
Pflug HD (1984) Die Spur des Lebens. Paläontologie – chemisch betrachtet. Evolution, Katastrophen, Neubeginn. Springer, Berlin Heidelberg
Pflug HD (1993) The main chapters of Precambrian life history. Geol Inst Univ Köln, Festschr U Jux: 459–526. Köln, 167 S
* Portmann A (1965) Einführung in die vergleichende Morphologie der Wirbeltiere, 3. Aufl. Schwabe, Basel Stuttgart, 344 S

Purnell MA (1995) Microwear on conodent elements and macrophagy in the first vertebrates. Nature 374 : 798–800

Reif W-E (1983) The Steinheim snails (Miocene; Schwäbische Alb) from a Neo-Darwinismian point of view. A discussion. – Paläont Z 57 : 21–26

* Remane A (1954) Die Geschichte der Tiere. In: Heberer G (Hrsg) Die Evolution der Organismen, 2. Aufl. 2. Liefg. Fischer, Stuttgart, S 340–423

Remane J (1985) Der Artbegriff in Zoologie, Phylogenetik und Biostratigraphie. Paläont Z 59 : 171–182

Remy W; Hass H (1986) Das Ur-Landpflanzen-Konzept – unter besonderer Berücksichtigung der Organisation altdevonischer Gametophyten. Argumenta palaeobotanica 7 : 173–214; Münster

Remy W; Remy R (1977) Die Floren des Erdaltertums. Glückauf, Essen, 468 S

* Rensch B (1965) Homo sapiens. Vom Tier zum Halbgott, 2. Aufl. Vandenhoeck & Ruprecht, Göttingen, 224 S

Richter R (1922) Über einen Fall äußerster Rückbildung des schizochroalen Trilobiten-Auges. Cbl Mineral 1922 : 344–352

Richter R (1929) Das Verhältnis von Funktion und Form bei den Deckelkorallen. Senckenbergiana 11 : 57–94. Kramer, Frankfurt/M

Riedl R (1975) Die Ordnung des Lebendigen. Systembedingungen der Evolution. Parey, Hamburg, 372 S.

Rödder G; Wahlefeld G (1983) Über mögliche Internbedingungen der transspezifischen Evolution. Paläont Z 57 : 241–254

Rödder G, Ziegler FK, Falk E (1993) Wie viele Arten? Der Stand der Forschung gegen Ende des Jahrhunderts. Paläont Z 67 : 215–222

* Romer AS (1966a) Vertebrate paleontology, 3. Aufl., Univ Chicago Press, Chicago London, 468 S

* Romer AS (1966b) Vergleichende Anatomie der Wirbeltiere, 2. Aufl. (Übers H. Frick) Parey, Hamburg, Berlin 536 S

Schäfer W (1959) Gibt es eine Überspezialisierung im Laufe der stammesgeschichtlichen Entwicklung? Nat Volk 89 : 65–73, Frankfurt/M

* Schäfer W (1962) Aktuo-Paläontologie nach Studien in der Nordsee. Senckenberg-Buch 41. Kramer, Frankfurt/M, 666 S

Schidlowski M (1990) Life on the early Earth: Bridgehead from Cosmos or autochthonous phenomenon? In: Gopalan K, u.a. (eds) From mantle to meteorites. Indian Acad Sci, Bangalore, 189–199

Schindewolf OH (1950) Grundfragen der Paläontologie. Schweizerbart, Stuttgart, 506 S

Schindewolf OH (1961–1968) Studien zur Stammesgeschichte der Ammoniten. Lief. I–VII. Abh Akad Wiss Lit Mainz Math Naturwiss Kl 901 S, 478 Abb, 3 Taf

Schindewolf OH (1969) Über den »Typus« in morphologischer und phylogenetischer Sicht. Akad Wiss Lit Mainz, Abh Math-Naturwiss Kl Jahrg 1969 Nr. 4 : 77 S

Schindewolf OH (1972) Über Clymenien und andere Cephalopoden. Abh Akad Wiss Lit Mainz math-naturwiss Kl, 89 S

* Schmidt F (1985) Einführung in die kybernetische Evolution. Goecke & Evers, Krefeld, 500 S

Schultze H-P (1957) Morphologische und histologische Untersuchungen an Schuppen mesozoischer Actinopterygier (Übergang von Ganoid- zu Rundschuppen). Neues Jb Geol Paläont Abh 126 : 232–314

Schweitzer HJ (1983) Die Unterdevonflora des Rheinlands I. Palaeontographica B 189 1–138

Seilacher A (1959) Schnecken im Brandungssand. Nat Volk 89 : 359–366

Seilacher A (1975) Mechanische Simulation und funktionelle Evolution des Ammoniten-Septums. Paläontol Z 49 : 268–286

Seilacher A (1992) Vendobionta als Alternative zu Vielzellern. Mus hamburg zool Mus Inst 89, Ergänzungsbd 1 : 9–21

Seilacher A (1993) Ammonite Aptychi: How to transform a jaw into an operculum? Amer J Sci 293-A, 1993 : 20–32

Simpson GG (1977) Pferde. Die Geschichte der Pferdefamilie. Parey, Berlin Hamburg, 240 S

Slijper EJ (1962) Riesen des Meeres. Eine Biologie der Wale und Delphine. R Verständliche Wissenschaft Bd. 80. Springer, Berlin Göttingen Heidelberg, 119 S

Smolla G (1967) Epochen der menschlichen Frühzeit. R Stud Univ. Alber, Freiburg München

Stanley STM (1983) Der neue Fahrplan der Evolution. Fossilien, Gene und der Ursprung der Arten. Dtsch Übers S. Sumerer, G. Kurz. Harnack München, 252 S

* Steiner W (1986) Die große Zeit der Saurier. Landbuch, Hannover/Urania, Leipzig, 240 S

Stensen N (1669) Das Feste im Festen. Vorläufer einer Abhandlung über Festes, das in der Natur in anderem Festen eingeschlossen ist. Dtsch von K Mieleitner. Ostwalds Klassiker d exakt Wiss n F Bd 3, Akad Verlagsges Frankfurt a M 1967

Stensiö EA (1927) The Downtonian and Devonian vertebrates of Spitsbergen. I Cephalaspida. In: Norsk Vidensk Akad (Hrsg). Skr Svalbard Nordishavet 12, 2 vol, 391 S

Stensiö EA (1932) Cephalaspids of Great Britain. Brit Mus Nat Hist. London, 220 S

Struve W (1963) Das Korallen-Meer der Eifel vor 300 Millionen Jahren. Funde, Deutungen, Probleme. Nat Mus 93 : 237-276

Teichert C (1986) Times of crisis in the evolution of Cephalopoda. Palaeont Z 60 : 127–243

* Thenius E (1981) Versteinerte Urkunden. Die Paläontologie als Wissenschaft vom Leben in der Vorzeit. 3. Aufl. R Verständl Wiss, Bd 81. Springer, Berlin Göttingen Heidelberg, 202 S

* Thenius E (1965) Lebende Fossilien. Kosmos Bibl, Bd 246. Kosmos, Stuttgart, 88 S

Thenius E, Hofer H (1960) Stammesgeschichte der Säugetiere. Springer, Berlin Göttingen Heidelberg

Tobien H (1959) Hipparion-Funde aus dem Jungtertiär des Höwenegg (Hegau). Naturwiss. Monatsschr »A d Heimat« 67 : 122–132; Öhringen

Vangerow EF (1967) Erdatmoshäre und Stammesgeschichte. Naturwiss Rundsch 20,4 : 152-154

Vogel K (1983) Zur gegenwärtigen Diskussion um die Makroevolution. Paläont Z 57 : 199–203

Waagen L (1869) Die Formenreihe des Ammonites subradiatus. Benecke's geognost-paläont Beitr 2 : 181–256

Wagner G (1949) Leben und Erdgeschehen im chemischen Wechselspiel. Universitas 6 : 692–700 und 8 : 937–943

Wahlert G von (1966) Teilhard de Chardin und die moderne Theorie der Evolution der Organismen. Fischer, Stuttgart

Wahlert G von (1968) Latimeria und die Geschichte der Wirbeltiere. Fischer, Stuttgart, 45 S
* Wahlert G, Wahlert H (1977) Was Darwin noch nicht wissen konnte. Dtsch Verlags-Anst, Stuttgart, 220 S
Walter H; Breckle SW (1983) Ökologie der Erde, Bd 1. Fischer, Stuttgart, 238 S
Weitschat W (1986) Phosphatisierte Ammonoideen aus der Mittleren Trias von Central-Spitzbergen. Mitt Geol-Paläont Inst Univ Hamburg H 61 : 249–279
* Weizsäcker CF (1979) Die Geschichte der Natur. 8. Aufl. Vandenhoek u. Ruprecht, Göttingen
Wellnhofer P (1983) Solenhofener Plattenkalk: Urvögel und Flugsaurier. Mus Solenhofener Aktienverein, Maxberg, 59 S
Wenger R (1957) Die germanischen Ceratiten. Palaeontographica 108 A : 57–129
Wichler G (1963) Charles Darwin, Der Forscher und der Mensch. Reinhardt, München Basel, 240 S
Westphal F (1958) Die tertiären und rezenten eurasiatischen Riesensalamander (Genus Andrias, Urodela, Amphibia). Palaeontographica 110A : 20–92
Wiedmann J (1969) The heteromorphs and ammonoid extinction. Biol Rev 44 : 563–602
Wild R (1978) Die Flugsaurier aus der Oberen Trias von Cene bei Bergamo. Boll Soc Paleontol It 17; 175–257
Willmann R (1983) Die Schnecken von Kos. Spectrum d Wissensch, Februar 1983 : 64–76
Winnacker E-L (1995) (Frankfurter Z 11.7.95)
Ziegler B (1972, 1983) Einführung in die Paläobiologie. T 1 Allgemeine Paläontologie 245 S; T 2 Spezielle Paläontologie: Protisten, Spongien und Coelenteraten, Mollusken, 409 S. Schweizerbart, Stuttgart
Ziegler B (1986) Der schwäbische Lindwurm. Funde aus der Urzeit. Theiss, Stuttgart, 171 S
Ziehlmann AL (1985/86) Die Rekonstruktion der Evolution des Menschen. Mannheimer Forum 1986/86: 141–209, Böhringer, Mannheim
Zillig W (1981) Laut Forschungsbericht von R. Köthe in Illustrierter »Stern« S 238–242

Abbildungsnachweis

Abb. 3	Weitschat 1986
Abb. 4, 14, 15, 18, 36, 47	Hölder und Steinhorst, Originalphotographien (Württ. Landesbildstelle)
Abb. 5	Hölder 1963
Abb. 6	Ziegler 1972, nach Seilacher
Abb. 7	Brinkmann 1994 (nach H. Rieber)
Abb. 8	Adam 1980 (vereinfacht und geändert)
Abb. 9	Staatl. Museum f. Naturkunde, Stuttgart
Abb. 10	Seilacher, Tübingen
Abb. 11	Nach Kräusel 1950
Abb. 12	In Anlehnung an Mägdefrau 1966
Abb. 13	Nach Leistikow 1990, vereinfacht
Abb. 16	Nach Termier und Termier 1960 u. a. Autoren
Abb. 17	H. Hilpert, Münster
Abb. 19a	Hyman 1940
Abb. 19b, c	Moret 1952
Abb. 20	-
Abb. 21	Nach Stempell 1935
Abb. 22a, b, d, e	Nach dem Treatise on Invertebrate Paleontology, F. Moore
Abb. 22c	Nach Schindewolf 1950
Abb. 23	Nach Lehmann und Hillmer 1980
Abb. 24	Nach Darwin 1874, umgezeichnet
Abb. 25	Boettger 1954
Abb. 26, 27	Hadži 1963

Abb. 29a, b	R. Gygi 1982
Abb. 30	Hölder 1975
Abb. 31	Lehmann 1990, Modell nach Yochelson u. a. 1973, verändert von Bandel 1982 und Lehmann 1990
Abb. 33	Entwurf des Verfassers in Zusammenarbeit mit Prof. Hermann Schmidt (†), als Farbtafel in Grzimeks Tierleben, Erg.-Band 1972, S. 225
Abb. 34	In Anlehnung an Thenius 1965, verändert
Abb. 35	Hölder, in Grzimeks Tierleben, Erg.-Band 1972, S. 269
Abb. 37	Ammonit rechts oben nach Ebel 1985
Abb. 38	Nach R. Wenger 1957
Abb. 39, 40	Lehmann 1990
Abb. 41	Hölder 1964
Abb. 42	Hölder 1973
Abb. 43, 48, 50	Nach Moore et al. 1952
Abb. 44	Hölder, Münster
Abb. 45	v. Frisch 1993
Abb. 46	Nach Nichols 1962
Abb. 49	B. u. R. B. Hauff: Holzmadenbuch 1981
Abb. 51	Bulman 1955
Abb. 52	Kuhn-Schnyder 1953 und Müller 1966, nach Stensiö 1927, 1932
Abb. 54	Links: Gross 1966, rechts: Schultze 1957
Abb. 56	Nach Müller 1966 und Swinton 1965, verändert
Abb. 57	Müller 1966, nach Romer 1946
Abb. 58, 72	Colbert 1965
Abb. 60	Museum Hauff
Abb. 61	Nach Kuhn-Schnyder 1953
Abb. 62, 63, 65	Geol.-paläontol. Institut und Museum der Uni. Tübingen (Abb. 63 phot. Museum Hauff)
Abb. 67	W. Brinkmann 1994
Abb. 68	Nach Marsh 1880; die bei *Ichthyornis* gezeichneten Kieferknochen: Müller 1966, nach Gregory 1952
Abb. 70	v. Hayek 1893

Abb. 71	Nach Simpson 1966, umgezeichnet
Abb. 73	Nach Gregory 1957
Abb. 74	Thenius und Hofer 1960
Abb. 75	Nach Heberer 1960, vereinfacht
Abb. 76	Nach CHR v. Koenigswald 1960, durch den Steinheimer Schädel ergänzt
Autorenfoto	M. Schuck, Weimar

Sachverzeichnis

A

Acanthodier 130, 131
Achordata 125
Agnatha
 (Kieferlose) 126, 130
 Ostracodermen 126
 Rundmäuler (Cyclostomata) 125–127, 130
Altersbestimmung 16
Ammoneen, Ammonoideen 94–105
 Altammoneen 95
 Ammoniten
  (jüngere) 92, 95
 Aptychen 103
 Ceratiten 97–99
 Clymenien 95
 Goniatiten 95
 Heteromorphe 93, 101
 Lobenlinie 96, 104
 Radula 102–104
Ammonshörner 109
Archaeocyathen 67, 75
Anpassung s. Evolution
Art
 - begriff 38, 164
 - enzahl 44
Atlantik 81
Australien 184

B

Bakterien 51
 Archäbakterien 51
 Cyanobakterien 52
 Stromatolithen 52
Belemneen, Belemniten 105, 106
 - als Beutetiere 106, 107
Beobachtung (und Theorie) 47
Bernstein 113
Biochronologie 39
Biogenetisches Grundgesetz (-regel) 171
Biostrom (Rasenriff) 87
Brandung 80, 86
Bryozoen 89 J

C

»Calcichordata«
 (Carpoidea) 126
Cephalopoden 89
 Ammoneen (s.d.)
 Belemneen (s.d.)
 Kalmare 107
 Kraken 108
 Nautiloideen 93
 Orthoceraten 90
 Sepien 107
 Urcephalopode 90

233

Chorda, Chordata 122, 125, 129, 131, 139, 142
Hemichordata 122, 125, 129
Chronospezies 39, 40

D
Darwinismus 26

E
Einzeller 66
Eiszeit 64, 166, 183
Ektoderm – Entoderm 66
Erdgeschichte 11, 16
Erdkontraktion, - expansion 81
Eukaryota 51, 55
Evolution
»Abreißen nach unten« 76, 128
Additive Typenbildung 101, 178
Altern (stammesgeschichtliches) 100, 164
Anpassung 17, 21, 25, 26, 31, 33, 112, 167
Artbildung (Speziation) s. Art
Auslese (Selektion) 28, 31, 32, 39, 70, 136, 209
Aussterben 19, 44, 102, 109
Biogenetisches Grundgesetz (-regel) 171
Dauerformen 120
Diskontinuitätsprinzip 164
Epigenese 37
Endemismus 42, 97, 99
Erworbene Eigenschaften 23
Faunenschnitt 44, 102
Flaschenhalseffekt 43
Form und Funktion 76
Gradualismus 39, 164
Größenzunahme 39
»Großindividuum« (stammesgeschichtliches) 100
Haustierzüchtung 27
Imponiergehabe 183
Isolierung 164
Kanalisierung 37, 209
Keimbahn 17
Kladismus 38, 165
Konvergenz 178, 185, 186
Korrelation (innere) 27, 36
Merkmalsmosaik 172, 194
Mimikry 31
Mono- und Polyphylie 123, 148, 173
Mosaikentwicklung 174, 181
Mutation 24, 70, 164
Nachkommenzahl 32
Nische, eingenischt 34, 79
Ökonomieprinzip 37
Populationen (Klein-, Groß) 43, 164, 165
Panzerbildung 128, 143, 149
punctuated equilibria 164, 217
Punktualismus 39, 165
Orthoselektion (und Orthogenese) 34, 181, 206
Pferdestammbaum 178
Plan 207, 209
Proterogenese 133
Reichertsche Theorie 171, 173
Rückkopplung (Kybernetik) 30
Rückweg ins Wasser 143
Selektion s. Auslese
Spezialisierung 149–151, 198, 200
Speziation s. Artbildung
Stammbäume 83, 84

Stammesgeschichte 100
Schlüsselmerkmal, -mutation 101, 178
Schritt an Land 85, 133, 138
Strategie der Evolution 209
Typostrophentheorie 100, 163, 164, 218
Umwelt 20, 34, 201
Vererbung 23
Voranpassung 136
Warmblütigkeit 159, 175, 184
Zahnverlust, Gebißreduktion 150, 162, 199

F
Fazies 11
Fische
  Actinopterygier (Strahlflosser) 130, 132, 137
  Dipnoer (Lungenfische) 134
  Ganoidfische 132
  Kieferbogen 129, 131
  Kieferlose (Fischähnliche) s. Agnatha
  Knochenfische 132
  Knorpelfische 131, 132
  Lungenblase 134
  Panzerfische 130, 131
  Quastenflosser (Crossopterygier) 134–138
  Schwimmblase 135
  Wirbelbildung, -säule 126, 131, 132, 142
Form und Funktion 76
Fossilisation 8

G
Genetik 23
Glossopetren 7, 108
Guimarota 173
Guyots 181

H
Halophyten 57
Haustierzüchtung 27
Hefepilze 51
Historisches 1, 7–12, 108, 216
Hohltiere 69, 70, 73
Holzmaden 118, 147, 150
Hominiden 192
  Aufrechter Gang 192
  Australopitheciden 194
  »Eigenweg« des Menschen 191, 192
  Gehirnvolumen 194
  Gesichtsmuskulatur 199
  Gut und Böse (Schuld) 205, 208
  Heidelberger Mensch 195
  Höhlenmalerei 197
  Kultur 204
  Merkmalsmosaik 194
  Neandertaler 197
  Persönlichkeit 205
  Piltdown-Betrug 201
  Populationen 164, 186
  Sprache 204
  Steinheimer Mensch 196
  Verantwortung 208, 209
  Weltoffenheit 204
  Werkzeuggebrauch 192
  Willensfreiheit 208
Hydraulik 37

I
Insekten 111, 112
Iridium 102
Irrtum 124

J
Java 195

K

Katastrophen (-theorie) 17, 18
Keimbahn 17
Knochen – Knorpel 126
Konstruktionsmorphologie 36
Korallen 72–80
 Bödenkorallen (Tabulata) 74
 Deckelkorallen 74–77
 Nesselzellen 69
 - riffe 78–80
Kreationisten 47

L

Landtiere (erste) 133, 134
Leben
 Außerirdisches Leben? 50, 51
 Beginn des irdischen Lebens 50
 Spiel, Spielraum des Lebens 31
Lebende Fossilien 156
Leibeshöhlentiere (Coelomata) 82, 83, 96
Leitfossilien 77, 78, 82, 83, 96, 120, 123
Lithographie 159
Lückenhaftigkeit der Überlieferung 14
Lurche 137, 142, 148

M

Manteltiere 129
Menschen s. Hominiden
Mesoderm 81, 82
Metaphysik 47, 163
Monoplacophora 90
Monte San Giorgio 157
Muschelkalk 97, 117, 145

N

Naturspiele 7, 12
Neumünder (Deuterostomia) 82
Nomenklatur 39

P

Pflanzen
 Algen 55
 Angiospermen (Bedecktsamer) 62, 63
 Bäume (als Lebensform) 63
 Ginkgogewächse 61, 62
 Gräser (Grassteppe) 180
 Gymnospermen (Nacktsamer) 61
 Moose 58
 Nacktpflanzen (Psilophyten) 56, 57
 Steinkohlenwälder 61
Photosynthesen 55
Plan 207, 209
Plattentektonik 14, 62, 64, 81
Primaten 188
 Spitzhörnchen 189
 Menschenaffen 189
 (s. Hominiden)
Profil (Schichtenschnitt) 4, 5, 13, 14
Pterobranchier 121, 122

R

Reptilien 142, 148
 (s. Saurier)
Reptilienschuppe 159
Rudisten 87

S

Säugetiere
 Auge 29

Beuteltiere 175, 184
Elefanten 200
Fledermäuse 200
Giraffen 200
Huftiere 177
Kiefergelenk 169, 170
Litoptera 185
Meeressäuger 176
Monotremata 144, 172
Ohrregion 170
Pantotheria 174
Pferdeartige 178
Primaten 188
Rüsseltiere (Proboscidier) 181
Südhuftiere (Notungulata) 186
Walartige, Wale 147, 176
Saurier
- sterben 156
Archosaurier 144, 155
Brückenechse 156
Dinosaurier 144, 161
Eidechsenahnen 156
Eosuchier 152, 157
Fischsaurier (Ichthyosaurier) 144–146, 148
Flugsaurier (Pterosaurier) 158, 200
Kiefergelenk 169, 170
Krokodile 150, 151
Mesosaurier 145
Mosasaurier 151
Ornithischier 154, 155
Phytosaurier 153
Placodontier 175, 184
Plesiosaurier 147, 148
Saurischier 154, 155
Sauropterygier 147
Schildkröten 142, 143, 152
Thecodontier 144, 153–155
Theromorpha 144, 168–173
Schichtgesteine 12, 15, 16
Schnecken von Steinheim 40–42
Schnecken von Kos 43
Schöpfung 210, 211
Schwämme 68–71
Schwammstotzen 68, 71
Schwerelosigkeit 191
Schwertschwänze 111
Sequenzen (stratigraphisch) 14
Sintflut 12
Stachelhäuter (Echinodermen) 114
 Crinoiden 116
 Seeigel (Eleutherozoa) 114
 Seelilien (Pelmatozoa) 116
Steinkerne 8, 9
Steinkohlenzeit 64
Stromatolithen 52
Südamerika 184, 186, 207
Südtiroler Dolomiten 79

T
Tethys 97
Theorie 47
Transgression – Regression 13, 14
Trilobiten 110, 111

U
Überlieferung 128
 Lückenhaftigkeit 14
Umwelt 20, 32, 34, 101
Uratmosphäre
Urmünder – Neumünder 82, 125, 129
Ursprung der Arten 202

V
Vendobionta 52, 66, 67
Vitalismus 48

Vögel
  Flugvögel (Carinaten) 160
  Laufvögel (Ratiten) 160
  Vogelfeder 159
  Vogelzug 166

W

Witwenvögel 34
Warmblütigkeit 159, 175, 184
Wirbelbildungen, erste
  Wirbeltiere 131, 142
  Wirbelsäule 139, 142

Z

Zähne 131, 143, 169, 177, 199
  Zahnverlust, Gebiß-
  reduktion s. unter Evolution
»Zeitgeist« (des Fliegens)
Zufall 25, 49, 205–207

Verzeichnis der in Text und Abbildungen auftretenden Gattungen

A
Acanthaster 79
Acipenser 130
Amia 130, 137
Ammoneen, zahlreiche Gattungen 92, 94
Andrias scheuchzeri 140, 155
Archaeornis 160
Archaeopteryx 107, 155, 160–163, 167
Argonauta 94
Atractites 94, 105
Australopithecus 190
Asteroxylon 56
Aturia 94

B
Bactrites 92, 101
Belemnites 106
Brachiosaurus 156
Branchistoma 125, 129
Brontosaurus 154, 155

C
Calceola 75–77
Callipteris 61
Ceratarges 108
Ceratites 99
Ceresiosaurus 146
Clymenia 95
Coeloptychium 69
Cotylederma 119
Cryptobranchus 141
Cyrtoceras 94
Cyrtograptus 121

D
Daonella 40
Deinotherium 182
Deshayesites 101
Diadiaphorus 185
Didymograptus 121
Dingo (*Cauigdingo*) 184
Dinichthys 131
Dinictis 188, 189
Draco 158
Drosophila 199
Dryopithecus 190

E
Echinocardium 115
Edrioaster 117
Encrinus 117
Eohippus 185
Eoraptor 161
Eoteuthis 108
Epiceratodus 130

Equus 166, 179, 185
Eryops 137, 140
Eugeniacrinus 117
Eusthenopteron 130, 138

G
Geosaurus 146
Glyptocrinus 117
Goniophyllum 75
Gyraulus 40

H
Halysites 73
Hemicyclaspis 127
Henodus 149, 150
Hesperornis 162, 168
Hibolites 106
Hipparion 166, 179
Hippidion 188
Homo 153, 192–212
Hydra 72

I
Ichthyornis 162
Ichthyostega 67, 138, 144
Iguanodon 156
Ischyodus 106

J
Janassa 132

K
Kiaeraspis 127
Kosmoceras 102
Kuehneosaurus 158

L
Lariosaurus 146
Latimeria 130, 136
Limulus, Mesolimulus 111
Lingula 120
Lituites 94

Loligo 107
Longisquama 158

M
Mammut 182–184
Marsupites 117
Mastodon 182
Megalobatrachus 141
Megatherium 188
Metriorhynchus 146, 155
Mixosaurus 146
Monograptus 121, 122
Moeritherium 182

N
Nautilus 93, 94, 104, 109
Neoceratodus 137
Neopilina 19
Nucula 120

O
Octopus 94
Olenellus 108
Olivella 33
Oreopithecus 190
Ornithorhynchus (Schnabeltier) 144
Orthoceras 92

P
Pachylytoceras 97
Paraharpes 108
Pecten 86
Persea 63
Petromyzon 127
Pferdeartige (mehrere Gattungen) 179
Phenacodus 184
Pholidophorus 133
Pylloceras 98
Phyllograptus 121
Physodoceras 104
Pithecanthropus 190, 195

Placocystis 117
Plegiocidaris 115
Polypterus 130
Proconsul 190
Propliopithecus 190
Protoavis 161
Psettus 130
Psiloceras 95
Pteranodon 159
Pterodactylus 159

Q
Quetzacoatlus 159

R
Rhabdopleura 121
Rhamphorhynchus 155, 158
Rhynia 56

S
Saccocoma 117
Sauripterus 137
Seirocrinus 118
Seismoceras 154
Sepia 94
Sinanthropus 190, 195

Smilodon 188, 189
Spirula 109
Spitzhörnchen (*Tupaia*) 189
Stegosaurus 155
Steneosaurus 150
Stenopterygius 146

T
Taramelliceras 104
Tanystropheos 156, 157
Thecidea 88
Thoatherium 185, 186
Thylacosmilus 187
Trachodon 155
Triceratops 155
Trinacromerum 146
Tyrannosaurus 155, 156

V
Viviparus 43

W
Weigeltisaurus 158

Z
Zaphrentis 73

2., überarb. u. erg. Aufl. 1993. X, 257 S. 31 Abb.
DM 29,80; öS 232.50; sFr 33.00. ISBN 3-540-54768-1 ▶

**Werner Metzig
Martin Schuster**

Lernen zu Lernen

Lernstrategien wirkungsvoll einsetzen

2. Aufl. 1992. IX, 226 S.
73 Abb. DM 29,80; öS 32.50;
sFr 33.00. IBN 3-540-55313-4
▼

Jan Reetze

Medien- welten

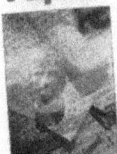

Wilhelm Sandermann

Papier

Eine spannende Kulturgeschichte

Schein und Wirklichkeit in Bild und Ton

◀ 1993. VII, 263 S. 13 Abb.,
davon 8 in Farbe.
DM 29,80; öS 232,50;
sFr.33,- ISBN 3-540-56538-8

1993. VIII, 236 S. 48 Abb., davon
6 in Farbe. 14 Tab.
DM 29,80; öS 232,50; sFr. 33,-
ISBN 3-540-56666-X ▼

**Peter Borsch
Hermann-Josef Wagner**

Energie und Umwelt- belastung

Horst Malberg

Bauern- regeln

Aus meteorologischer Sicht

Angela Meder

Gorillas

Ökologie und Verhalten

▲ 1992. X, 174 S. 47 Abb.
DM 29,80; öS 232.50;
sFr 33.00.
ISBN 3-540-55623-0

▲ 2., erw. Aufl. 1993. X, 200 S.
33 Abb., 21 historische
Vignetten DM 29,80;
öS 232.50; sFr 33.00.
ISBN 3-540-56240-0

Springer

Preisänderungen vorbehalten

Tm.BA3.11.002

Traumpartner
Evolutionspsychologische Aspekte der Partnerwahl
VII, 254 S. 23 Abb., 10 in Farbe, 29 Tab. Brosch.
DM 34,80 ISBN 3-540-60548-7

Was kostet die Welt?
Wie Kinder lernen, mit Geld umzugehen
VII, 279 S. 24 Abb. Brosch. **DM 34,80**
ISBN 3-540-59228-8

Fotopsychologie
Lächeln für die Ewigkeit
Etwa 280 S. 79 Abb., 23 in Farbe, 4 Tab. Brosch. **DM 34,80**
ISBN 3-540-60308-5

Kinderzeichnungen
Wie sie entstehen, was sie bedeuten
VIII, 187 S. 71 Abb., 13 in Farbe, 1 Tab. Brosch. **DM 29,80**; öS 232.50
ISBN 3-540-57042-X

Einzelkinder
Aufwachsen ohne Geschwister
X, 201 S. 22 Abb., 6 in Farbe Brosch. **DM 29,80**
ISBN 3-540-59020-X

Aggression
Verstehen und bewältigen
VIII, 149 S. 13 Abb. Brosch. **DM 29,80**
ISBN 3-540-60550-9

■ ■ ■ ■ ■ ■ ■ ■ ■ ■

 **Springer**

Preistabelle:
DM 29,80 = öS 217,60 = sFr 29,80
DM 34,80 = öS 254,10 = sFr 34,80
Preisänderungen vorbehalten.

tmBA95.12.05

Naturgeschichte des Lebens
Eine paläontologische Spurensuche
3. Aufl. Etwa 240 S. 76 Abb., 7 in Farbe Brosch.
DM 34,80 ISBN 3-540-60305-0

Flugverkehr und Umwelt
Wieviel Mobilität tut uns gut ?
Etwa 230 S. 40 Abb., 6 in Farbe. 29 Tab.
Brosch. **DM 34,80** ISBN 3-540-60309-3

Algen, Quallen, Wasserfloh
Die Welt des Planktons
VII, 196 S. 78 Abb., 36 in Farbe, 1 Tab. Brosch. **DM 29,80**
ISBN 3-540-60307-7

Naturkatastrophen
Spielt die Natur verrückt?
VIII, 224 S. 44 Abb., 11 in Farbe Brosch.
DM 29,80 ISBN 3-540-59097-8

Klimaänderungen
Daten, Analysen, Prognosen
XIII, 224 S. 58 Abb., 7 in Farbe
Brosch. **DM 29,80**
ISBN 3-540-59096-X

Wetter und Klima
Beobachten und verstehen
VII, 211 S. 65 Abb., 22 in Farbe Brosch.
DM 29,80; öS 232,50
ISBN 3-540-57895-1

Springer

Preistabelle:
DM 29,80 = öS 217,60 = sFr 29,80
DM 34,80 = öS 254,10 = sFr 34,80
Preisänderungen vorbehalten.

GPSR Compliance
The European Union's (EU) General Product Safety Regulation (GPSR) is a set of rules that requires consumer products to be safe and our obligations to ensure this.

If you have any concerns about our products, you can contact us on

ProductSafety@springernature.com

In case Publisher is established outside the EU, the EU authorized representative is:

Springer Nature Customer Service Center GmbH
Europaplatz 3
69115 Heidelberg, Germany

www.ingramcontent.com/pod-product-compliance
Lightning Source LLC
LaVergne TN
LVHW010255260326
834688LV00044B/1302